人居动态IX
2012

全国人居经典建筑规划设计
方案竞赛获奖作品精选

QUANGUO RENJU JINGDIAN JIANZHU GUIHUA SHEJI
FANG'AN JINGSAI HUOJIANG ZUOPIN JINGXUAN

郭志明　陈新　孙明军　主编

中国林业出版社

目录

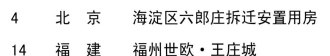

CONTENTS

CONTENTS

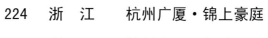

目录

北京　海淀区六郎庄拆迁安置用房

楼盘档案

开 发 商　北京万柳置业集团有限公司
设计单位　北京市鑫海厦建筑设计有限公司
设 计 师　钱方、邹润、黄恺

经济技术指标

用地面积　14.4hm²
建筑面积　41.5万m²
容 积 率　2.1
绿 地 率　30%
总 户 数　4034
停 车 位　1420

项目概况

项目位于海淀区北五环以北，用地北侧为农大北路，有多家大型的餐饮企业。西侧为多片成熟的居住区。南侧为部队大院，东侧为正在建设的城市公园。西北部有一块规划教育用地，用地周边市政基础设施完善，生活配套齐全，周边道路交通便利。

以人为本　经济适用

规划用地较为规整。一条市政路将小区分为南北2个地块。住宅楼设计多为10层的小高层。为了不将住宅区设计成排房，在设计时，尽可能将楼南北向错落，从东西两侧街道上看过去，避免了有贯通的胡同感觉。

住宅建筑和公共建筑分区明确。社区卫生服务站、室内活动中心、菜市场、超市、邮政所等设施设于南北地块中部的住宅楼的一层及地下，即可方便南北地块的居民共同使用，又不对小区内部造成干扰。结合沿街商铺设成商业广场，此处也是小区的人行主要出入口。

托老所和社区服务管理用房设于地块的西南，相对较安静。幼儿园也设于地块的西南，主要考虑此幼儿园的服务对象，除了本小区外还有西南侧几个社区。其他配套服务设施与景观结合设置。

6　北京　海淀区六郎庄拆迁安置用房

集中绿化　空间丰富

设计中大部分楼间距达到了47m左右，每2座楼之间为一个小的绿地组团。在南北地块各有2处，加大楼间距到60m，营造成中心景观区，不仅增加了集中绿化的功能，更体现出一个园区的组织功能，通过硬地铺装，布置各种活动场，安排运动健身器材和幼儿活动设施，使之成为整个小区极具人气的公共活动场地，还能满足村民的集体活动需求。

简明顺畅　方便安全

小区内道路系统分为3级：主环路路面宽7m，在右侧设1m宽的人行步道。宅前路和消防通道路宽4m。景观步行道宽15m。人行出入口分不同方向安置，便于居民出行。消防车出入口位于小区的东南西北4个方向，以备应急之需。场地西侧的树村西一路宽25m，东侧的树村路宽30m，为城市次干道。在这两个方向开设机动车出入口，靠近出入口位置设置地下车库出入口，私家车从入口处的坡道直接进入车库，使人与车有效的得以分流。

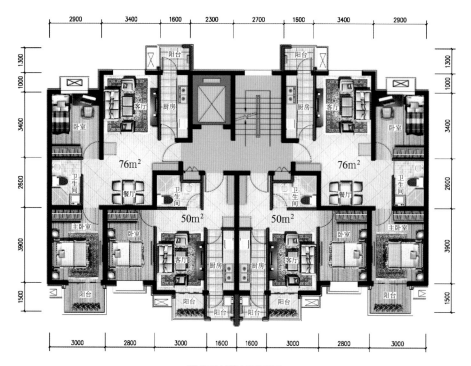

甲单元标准层平面图

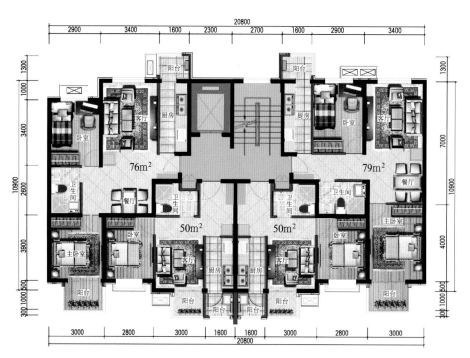

乙单元标准层平面图

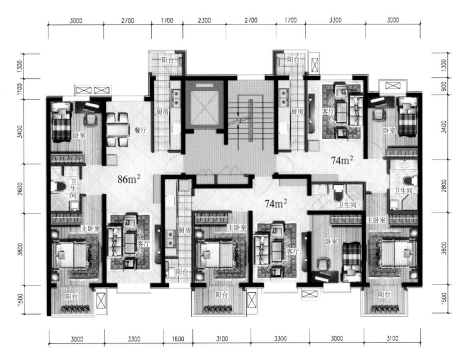

丙单元标准层平面图

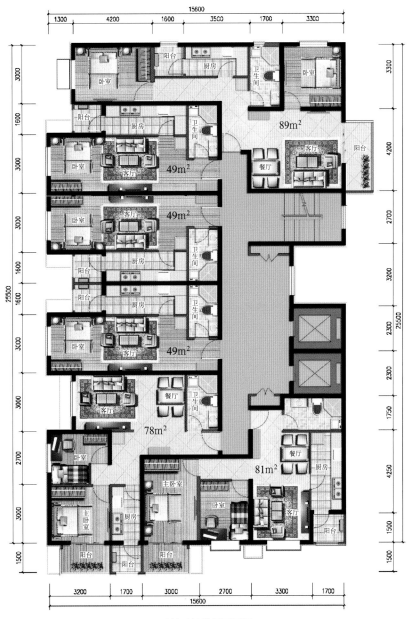

己单元标准层平面图

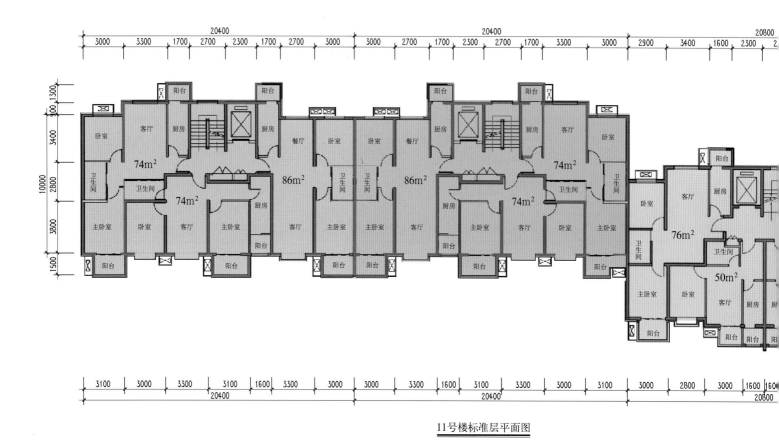

11号楼标准层平面图

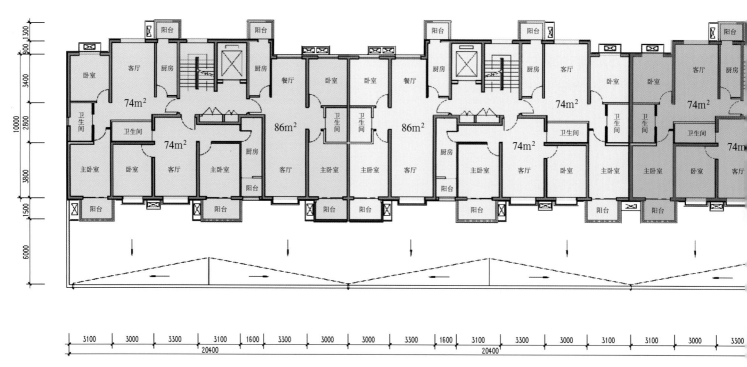

15号楼标准层平面图

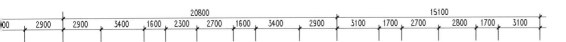

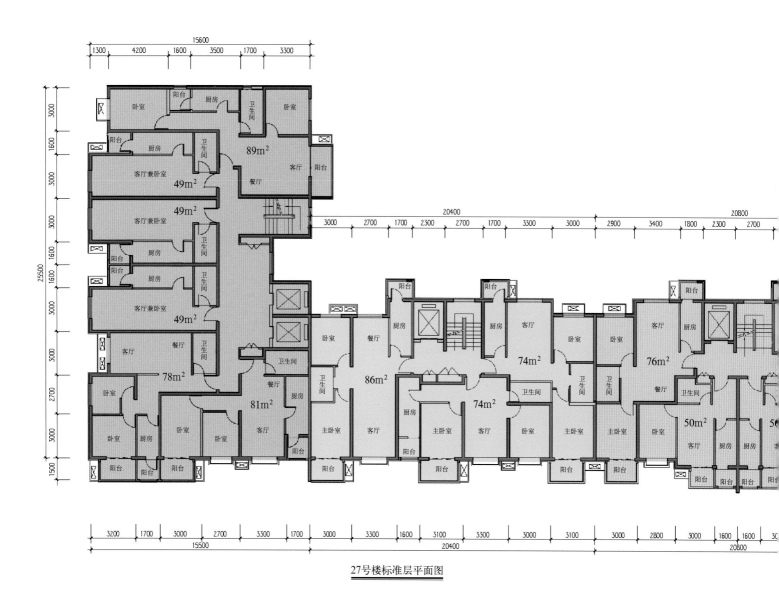

27号楼标准层平面图

布局合理　灵活掌握

　　板式住宅格局，在采光、通风上能取得最佳效果。单元平面主要采用一梯四户。户型净使用率达到70%以上。设计采用剪力墙结构，厨房、卫生间、楼梯间单独设置，形成住宅的不变部分，大空间作为可变部分，根据住户不同需求进行分隔。同时，考虑到老龄化的社会发展趋势，我们将电梯设计成担架梯。

造型美观　色彩协调

为了使沿街景观不是单调的侧山墙，在边单元上做了处理，增加了东西向墙面设计。同时边单元高度降低一层，形成有变化的天际线。主墙面采用面砖，局部配以涂料，并用铝板和石材装饰重点部位。外观色彩表现为多种色彩共存，小区中间部位的楼外立面采用冷色调，外围部分的楼外立面采用暖色调。通过空间上的错落，布局的高低搭配，和颜色上的调整，使每栋楼即有可识别性，又使小区整体富有层次和韵律，让人感觉到有起伏变化。

住宅外立面整体风格追求简约、现代。利用功能构件的造型变化，追求轻盈、丰富的装饰效果。引入有凹凸感、节奏感的飘窗和成组布置的空调位等立面元素。空调位布置有的采用点式，形成上下韵律，有的在空调板外侧安装金属百叶，令立面造型效果虚实有别。

打破了常规呆板的千篇一律的住宅开窗风格，大小不同的开窗更具变化性，卧室窗还是普通规格，起居室开成落地玻璃窗，完全显示了通透性。阳台处设计是上下贯通的幕墙风格。保温处理在阳台的里墙上。利用分隔墙，强调纵向的贯通，竖向的造型肌理产生了竖向的韵律。用更抽象简洁的手法处理细部，如在屋顶女儿墙部位装饰构架、飘板和玻璃栏板。同时弱化了突出屋顶的电梯间。

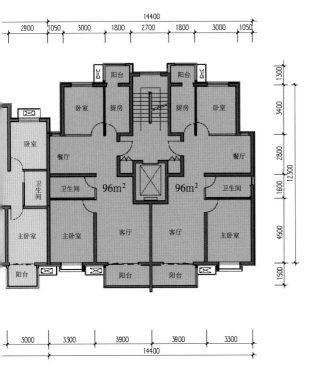

福建 福州世欧·王庄城

楼盘档案

开 发 商　福州世欧房地产开发有限公司
设计单位　深圳市博万建筑设计事务所
设 计 师　陈新军、江标山、冯素云

经济技术指标

A1地块

用地面积	4.1hm²
建筑面积	23万m²
容 积 率	5.55
绿 地 率	34%
总 户 数	1386
停 车 位	859

A2地块

用地面积	4.6hm²
建筑面积	21.7万m²
容 积 率	4.66
绿 地 率	33%
总 户 数	1447
停 车 位	2348

项目概况

　　本案位于福州市晋安区，处于规划中的地铁1号线的发展主轴上。其中A1、A2两地块用于商品房开发，两地块位于王庄街以南，长河路以北，西临晋安河，东隔规划路与待开发的A3、A4地块——商业综合体相邻。视野开阔，景观资源良好。位于西北角的一栋13层的住宅楼需要保留。基地总体呈长方形，东西走向，地势平坦，用地相对完整。

半围合式规划布局

　　结合地块特点和对城市天际线的影响，在景观均好性的原则下，在A1、A2地块规划了由45～57层不等的共15栋塔楼，均为超高层建筑，高度控制在140～175m之间。同时结合规划要求，沿地块西侧的规划路和北侧的王庄街布置了商业网点，在地块的东南角沿长河路布置幼儿园。规划结合了中心庭院的环境景观设计了下沉式会所和屋顶无边界泳池，并根据周边的人流分布特点布置相应的物业用房及文体活动站、社区居委会及卫生服务中心等公共服务设施。

两轴两点　内外呼应

　　地块内规划了两条景观轴线，分别是沿主入口至中心庭院的入口景观轴线和纵贯中心庭院的中心景观轴线。使下沉式会所和泳池成为视觉中心。此外，住宅入户的点状水系，内部带状水系及泳池中心水系形成点线面的水系景观，通过连廊以及桥的连接，极大地强调了社区对水的感受，与晋安河及沿河景观形成呼应和互动。每栋住宅塔楼都具有开阔的景观视线，形成中心庭院景观的资源共享。

　　小区内多设适合公共交流的社区空间，由中心广场、屋顶泳池、公共绿地、私家入户花园等多种形式构成。庭院中多布置一些座椅、小景、广场等参与驻留设施，让人处于可走可停，可静可动，可玩可赏的自由状态。使室外空间不仅是可观赏的景观，而且是可进入可活动的地带。

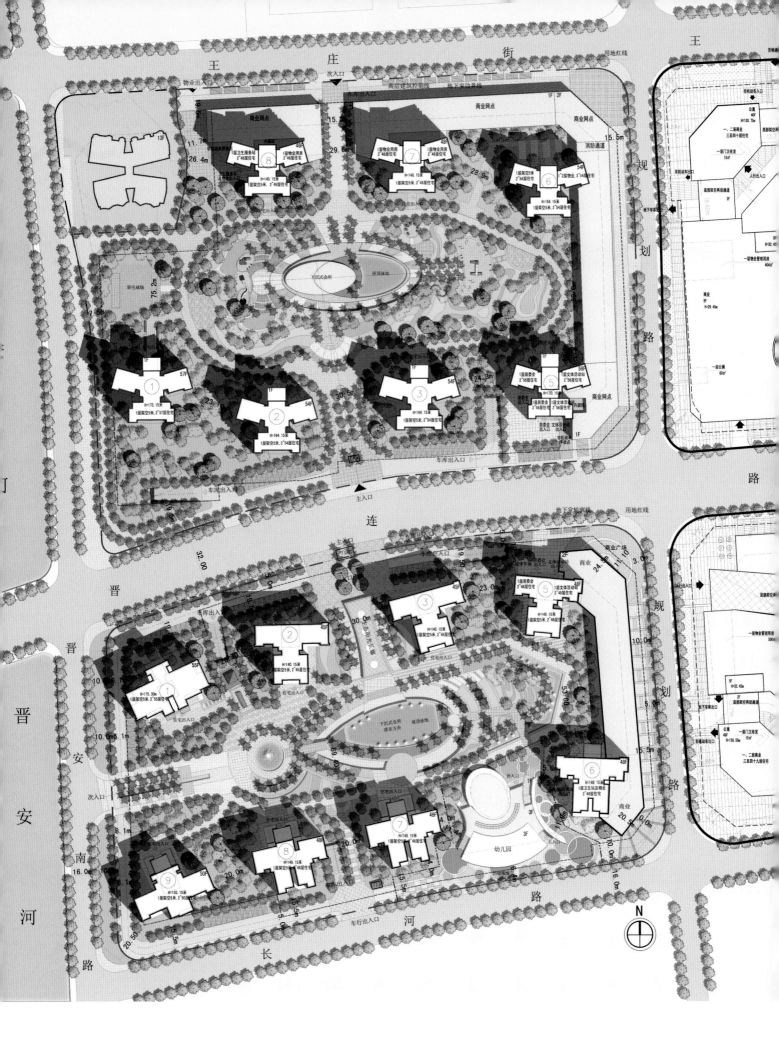

方便快捷　人车分流

　　北面的A1地块四面临路，为方便居民从各方向进入小区，设置了两个出入口：在晋连路设置主入口，并结合A2地块的主入口设置，形成互动和扩大的入口广场，其次在王庄街设置次入口，便于北向的人流和车流进入社区。A2地块设置了三个出入口：在晋连路设置主入口，在晋安南路设置一个次入口，方便晋安南路方向的人车进入小区，也使社区居民便于享受晋安河的滨河景观资源。同时在长河路上设置了另一个次入口，便于南向的人流和车流进入社区，也为幼儿园对周边开放提供了便利。小区内部采用人车分流的方式，形成独立的人行和车行系统，在中心庭院形成完整的步行空间，保证人行安全，为住户户外活动提供领域安全感。所有住户由中心庭院进入入户大堂，最大化地利用中心景观资源。

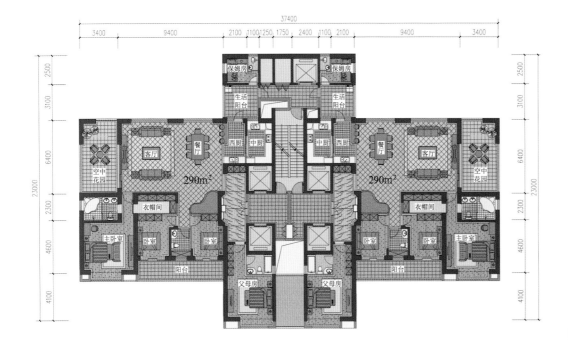

A2地块A型标准层平面图

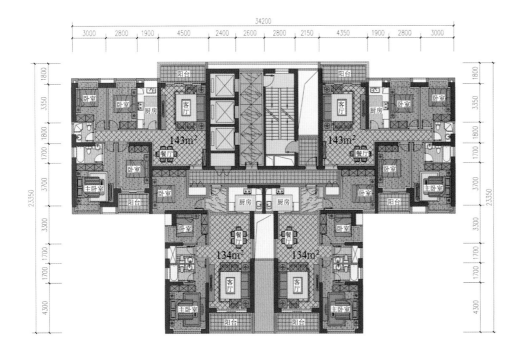

A2地块C型标准层平面图

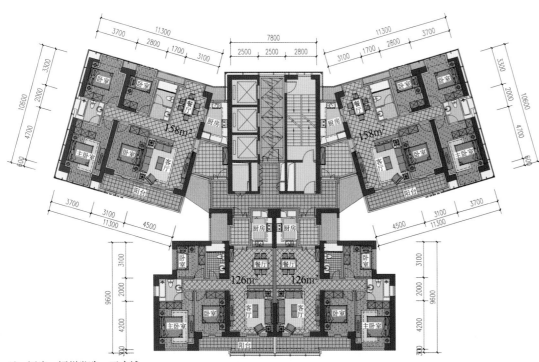

A1地块D型标准层平面图

广东　广州保利花城

楼盘档案

开 发 商　广东保利置业有限公司
设计单位　深圳凯斯筑景设计有限公司
设 计 师　程权、李化、蔡虹

经济技术指标

用地面积　　19hm²
建筑面积　　38万m²
容 积 率　　2.5
绿 地 率　　30%
总 户 数　　2703
停 车 位　　3429

项目概况

项目位于广州市花都区广清高速以东，东邻杨屋路，南邻三东大道，西、北各为40m和15m的规划路。整个地块，东西方向由一条20m规划路分隔开，南北方向由一条15m规划道路分隔成两个大小不等的地块。

合理布局　因地制宜

地块的北部布置了居民文化健身中心和幼儿园，临街部分设置了中小户型，内部设置了豪华大户型。小区中心布置中心景观广场，成为小区的绿色核心。高层住宅均为首层架空，增加空间层次和绿化范围。本住宅区内还设计了为住户提供生活方便的文化中心、休闲会所、游泳场、健身中心等康体娱乐服务设施。

规划布局总体为北高南低，沿街商铺根据市政道路高程进行设计，各小区内部均为平地，整个居住区的高程设计均结合东南角三东大道道路标高进行设计。用地竖向规划和雨水工程规划协调，要求场地尽可能高于周边道路，各处高程的

设定要利于组织排水。规划雨水总的排放方向是从北向南、由东往西。道路高程规划应满足交通和雨水排放的要求，同时考虑尽可能地减少周边地块的挖填方。规划内容包括道路控制点标高、排水方向、纵坡的设计。

人车分流　尺度合理

车辆从小区外直接进入地下室，小区内部不行车，只设有消防车道，路宽4m。当建筑的沿街长度超过150m或总长度超过220m时，在适中位置设置穿过建筑的消防车道，净宽净高不小于4m。区域内道路均能满足消防车道及消防登高面的要求，4m宽消防车道转弯半径12m。

古典高雅　立面丰富

遵循整个小区的规划设计原则，立面采用Art Deco建筑风格。在设计中注重时代气息的渲染和亲切怡人尺度的营造。结合平面，设计重点在建筑的顶部、外墙、底部细部刻划上。色彩上墙面以浅黄色为主，辅以深黄、古铜等颜色。

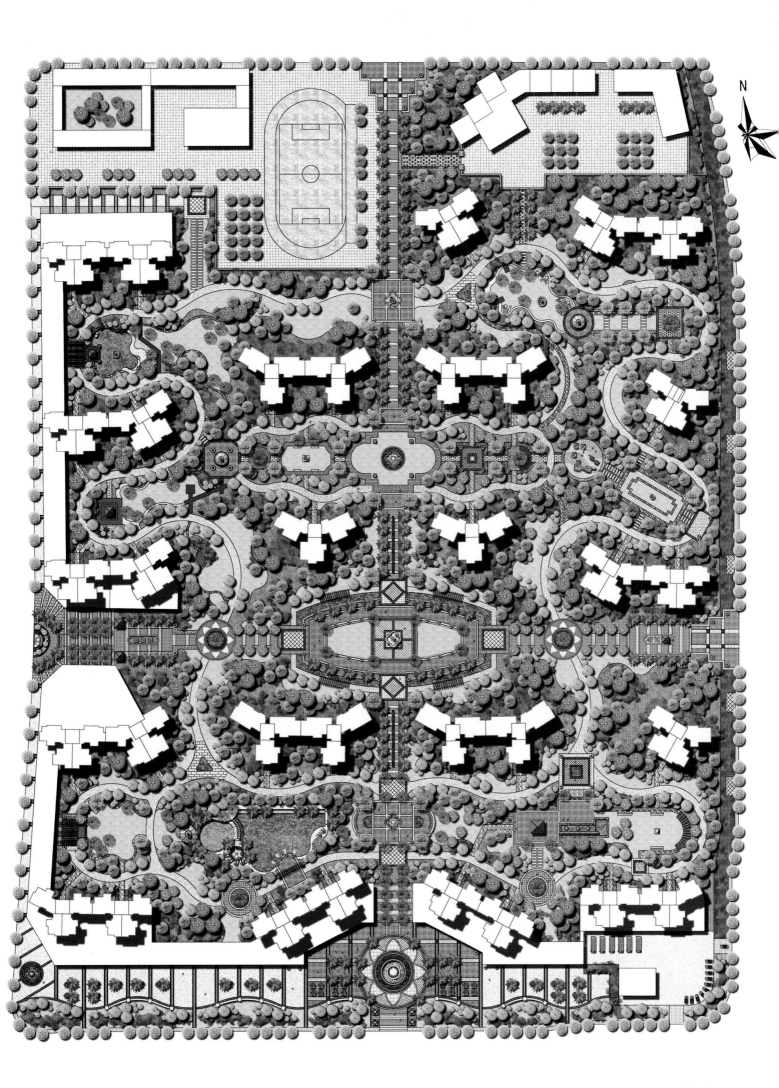

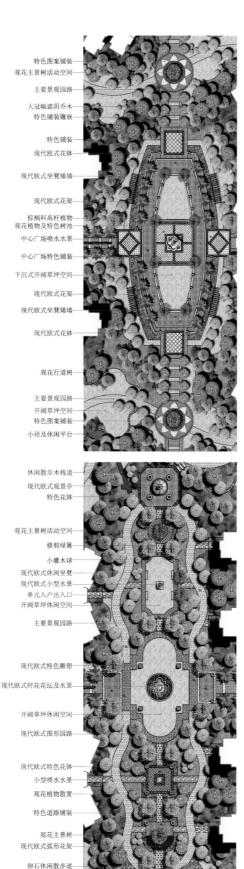

特色图案铺装
观花主景树活动空间
主要景观园路
大冠幅遮阴乔木
特色铺装镶嵌

特色铺装
现代欧式花钵

现代欧式坐凳矮墙

现代欧式花架
棕榈科高杆植物
观花植物及特色树池
中心广场喷水水景
中心广场特色铺装
下沉式开阔草坪空间
现代欧式花架
现代欧式坐凳矮墙
现代欧式花钵

观花行道树

主要景观园路
开阔草坪空间
特色图案铺装
小径及休闲平台

现代欧式花架
休闲散步小径
观花植物散置
休闲散步小径
单元入户出入口
开阔草坪空间
大冠幅遮阴乔木

主要景观园路

游泳池区观景亭

儿童泳池区
泳池侧壁跌水
休闲伞架及躺椅子
SPA按摩休闲池
主景树及活动空间
水中汀步路
成人泳池区
特色花钵及侧边喷水效果
游泳池出入口
现代欧式景观架
泳池水中树池种高杆植物
泳池边休闲水床

现代欧式弧形通透景墙
休闲特色坐凳
特色花钵
观花植物
对景现代欧式水景
现代欧式广场

休闲散步木栈道
现代欧式观景亭
特色花钵

观花主景树活动空间
修剪绿篱
小灌木球
现代欧式休闲坐凳
现代欧式小型水景
单元入户出入口
开阔草坪休闲空间
主要景观园路

现代欧式特色雕塑
现代欧式时花花坛及水景
开阔草坪休闲空间
现代欧式图形园路

现代欧式特色花钵
小型喷水水景
观花植物散置
特色道路铺装
观花主景树
现代欧式弧形花架
卵石休闲散步道

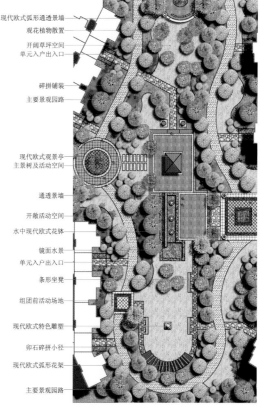

现代欧式弧形通透景墙
观花植物散置
开阔草坪空间
单元入户出入口

碎拼铺装
主要景观园路

现代欧式观景亭
主景树及活动空间

通透景墙
开敞活动空间
水中现代欧式花钵
镜面水景
单元入户出入口
条形坐凳
组团前活动场地
现代欧式特色雕塑
卵石碎拼小径
现代欧式弧形花架

主要景观园路

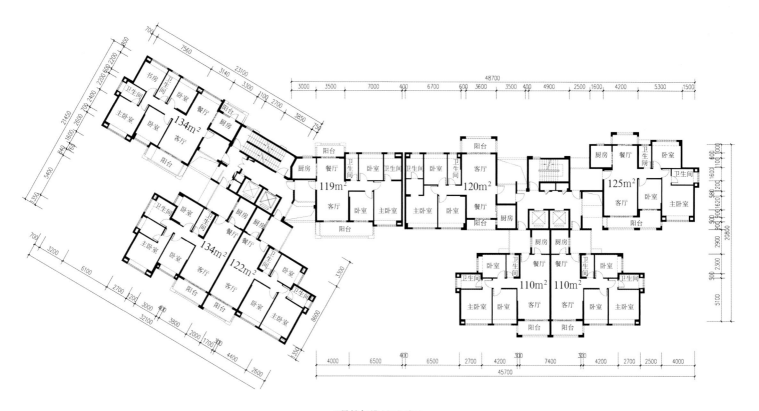

2号楼标准层平面图

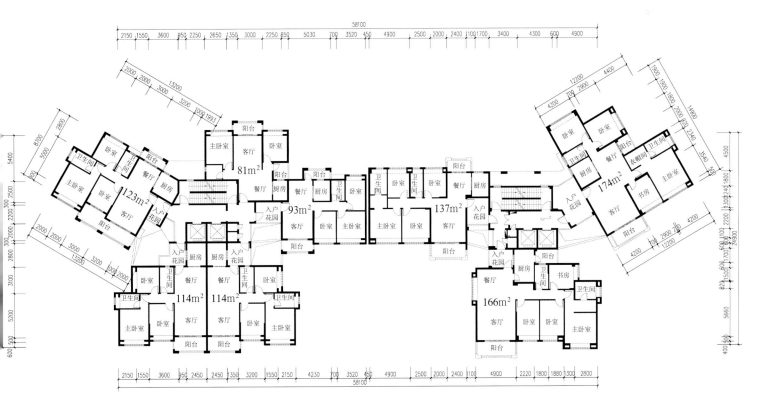

3号楼标准层平面图

5号楼标准层平面图

广东　广州中海花城湾

楼盘档案

开 发 商　中海发展（广州）有限公司
设计单位　广东省建筑设计研究院
设 计 师　许成汉、叶楠、邓伟明

经济技术指标

用地面积　3.3hm²
建筑面积　23.3万m²
容 积 率　7.0
绿 地 率　34.4%
总 户 数　1384

项目概况

项目位于广州东部珠江新城新中轴线东侧，花城湾大道与猎德路交汇处。地块方正，地块西北处为珠江公园，是珠江新城最大的城市公共绿地，为本项目提供了良好的景观条件和大型户外活动空间；地块北面临60m城市主干道花城大道，西临30m宽城市干道兴国路，南临20m城市道路兴民路，东临70m宽规划城市主干道猎德路。周边共有17所中小学，为广州教育资源最集中、最优良的区域之一。珠江新城规划的六大购物中心中就有中央商业广场、地下世界、高德置地广场、猎德村商业项目、合和商业项目等四个在项目周围，而珠江新城唯一商业步行街兴盛路商业街也近在咫尺，商业配套非常完善。满足居住高品质要求。

围合布局　悠然宁静

项目向外拥有超过两百米的开场景观视野。利用最优质的城市资源和绿地资源，让人身处在都市中心，就可以享受28万m²的绿地山水。

整体规划为围合型结构，充分利用空间，形成了高达12000m²超大私属园林，同时又构筑出封闭独立的小区园林，有效规避了外部的噪音干扰，营造出安静、私密居住空间。

流线控制　突出重点

道路分为三个等级，分别是一级主要道路、二级游园道路及三级入户道路。取消中心园区构件增加绿化，在局部位置增加微地形，形成丰富的游园空间。优化各等级道路与平台的衔接问题。为增加主入口气势，重点增加主入口主轴的种植层次。调整了入户的对景关系并增加特色景墙推出其尊贵感。

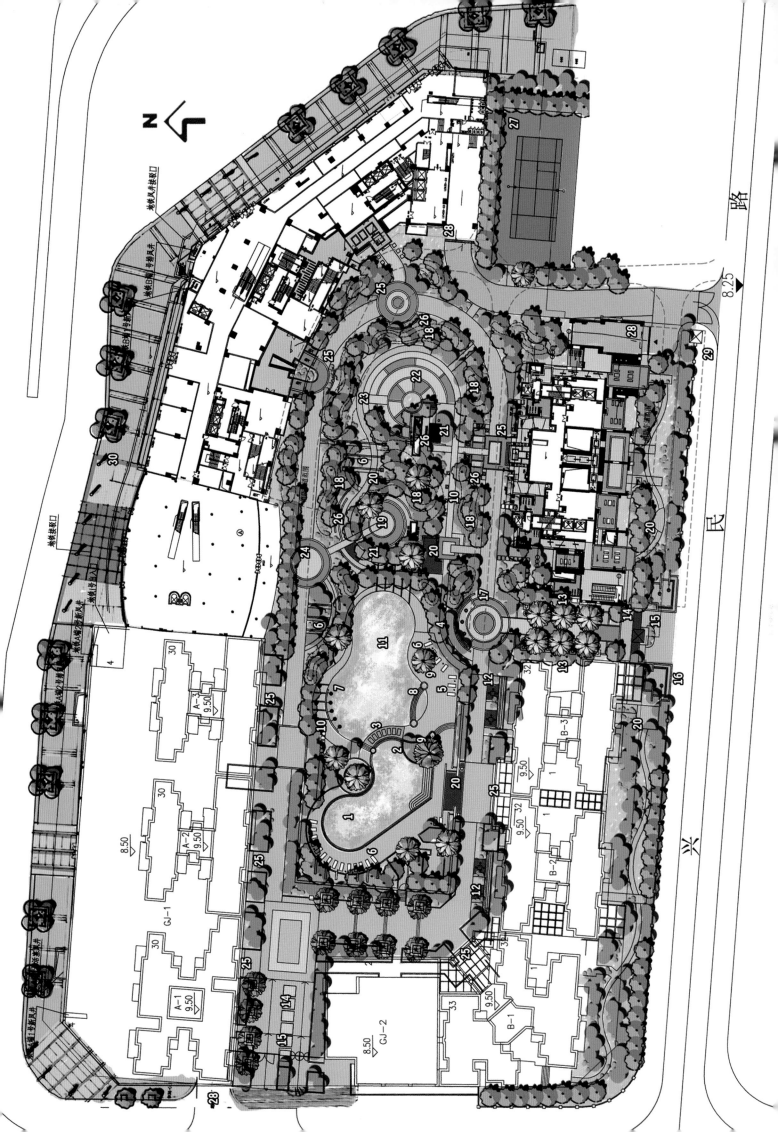

挺拔俊朗　深沉文雅

　　住宅立面设计融合现代设计元素，在强调建筑的时代性的同时，加强立面的细部设计，注重本项目所在区域的影响，强化建筑的稳重和个性。在造型手法上采用三段式设计，裙房和架空层部分多用不同质感的石材表现稳重和高尚的性格，立面中段住宅标准层部分较多考虑用统一的手法保障住宅各层住户使用上舒适且景观、日照、通风采光要求的不受影响，在顶部采用小飘架等手法突出自身个性，同时由于一梯四户住宅前后两片体量的变化，改善了住宅的立面层次，丰富了小区的天际线。

功能实用　布局合理

　　户型设计方正实用、宽敞舒适，讲究风、光、线有序组合，充分采光、空气流畅。功能分区以人为本、科学合理，依据现代都市人的生活需求和习惯设置多种空间形式，体现从容适用的居住精神。

D单元标准层平面图

E单元标准层平面图

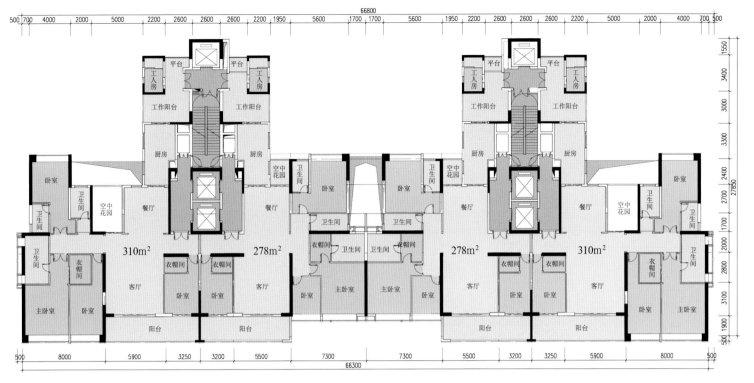

C单元标准层平面图

广东　惠州天地源·御湾雅墅

楼盘档案

开 发 商	惠州天地源房地产开发有限公司
设计单位	上海卓创国际工程设计有限公司
设 计 师	董高翔、梁育诚、刘文超、
	王义龙、阮树春、李亚刚

经济技术指标

用地面积	19hm²
建筑面积	21.9万m²
容 积 率	1.2
绿 地 率	62.5%
总 户 数	981
停 车 位	2157

项目概况

项目位于广东省惠州市惠城区规划东部新城区域，南邻淊江沥河道，北临合成国际新城，西为城市东环路，东面未来规划高档滨水住宅区。地块由两条主干道：三环路、机场路以及淊江沥围合而成。交通通畅，公共线路众多。

尽端式布局　庭院水景

一条溪流状的水景环绕着整个低层区的所有组团，创造出视觉上的趣味并将高层和商业区与低层区分隔开。西面30m宽的绿化缓冲带也为本场地提供了与相邻高速公路视觉和声觉上的隔离屏障。从主景观道上伸出一条环路，为低层区的每一个组团提供了入口通道，每一个组团的入口都在这个环路上。这种布局创造了围合式的组团，每一个组团路都在小溪或中央景观处结束为尽端路。

用景观带间隔不同的产品类型，既不互相干扰，也便于管理。别墅与板式高层结合，空间通透，形成高低错落，丰富多变的空间形态。各个居住空间面对组团式景观带，争取最好的朝向和景观。

方便快捷　移步易景

主要车行道在主景观的开始处分成两股，别墅的车道为每个组团提供了入口通道，每个组团都在小溪或中央景观带处结束为尽端路；高层的车辆在社区入口不远处即进入地下车库，减少其在地面上穿行的长度。

步行流线围绕中央景观带展开，居民漫步在自然和谐的景观中享受生活，尽情享用会所的服务。

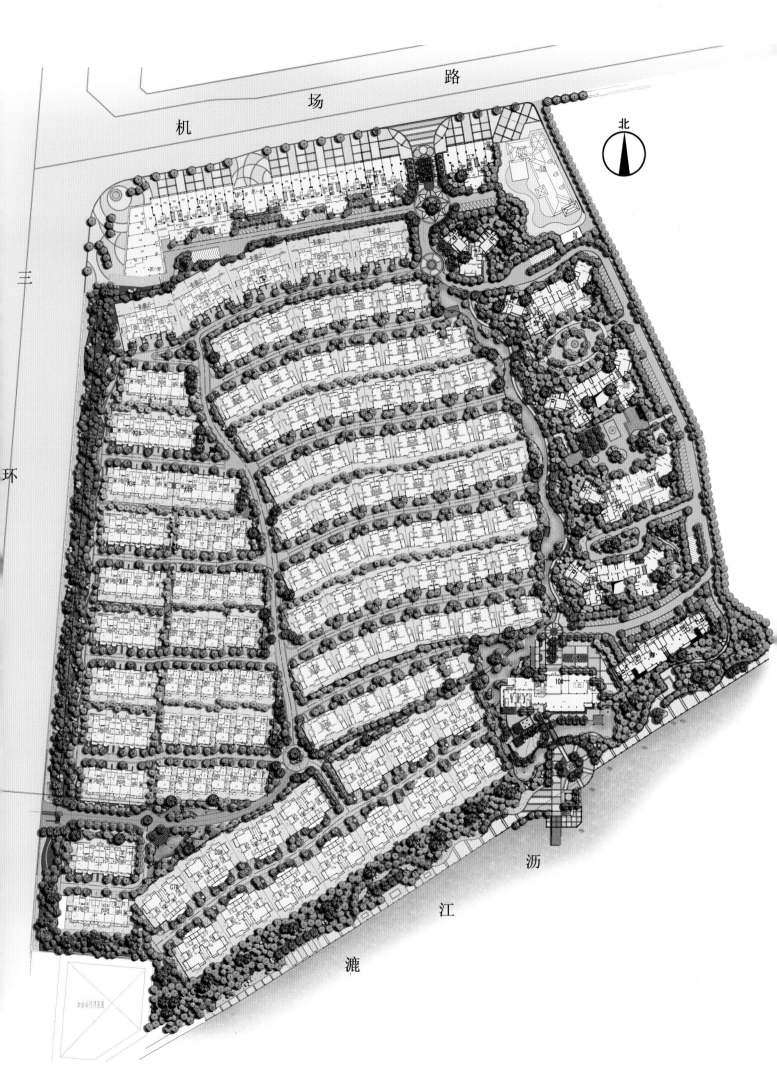

机　场　路

北

三

环

沥

江

漉

一江一湾一森林

　　充分利用基地现有水资源，将水与基地紧密联系起来，使水延伸至整个场地，营造生态的水乡环境。别墅、高层和商业，以水景观分割，互不干扰，相互映衬。利用西侧目前城市预留35m绿化带空间，堆坡种树打造社区绿色屏障。

　　利用自然资源，将城市水系引入社区，创造两条从社区入口至内部的蜿蜒水景景观。两条水景在会所汇合，会所不仅成为整个社区的景观中心，同时也是人们活动交往中心而成为社区的公共客厅，为所有人共享。

　　以江为源，将水景弯曲向主次两个社区入口延伸，最终与城市道路的人森林汇合，形成一江一湾一森林自然完整的景观体系。丰富的景观资源将不同类型的住宅、会所、商业、学校等空间自然分隔，使其和谐共处而互不干扰。

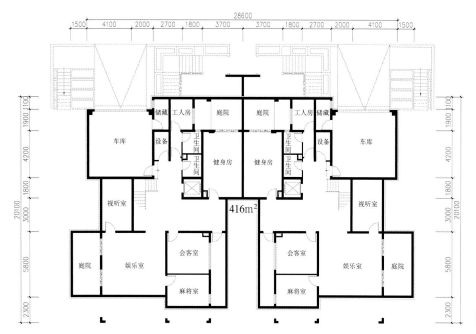

独栋别墅地下一层平面图

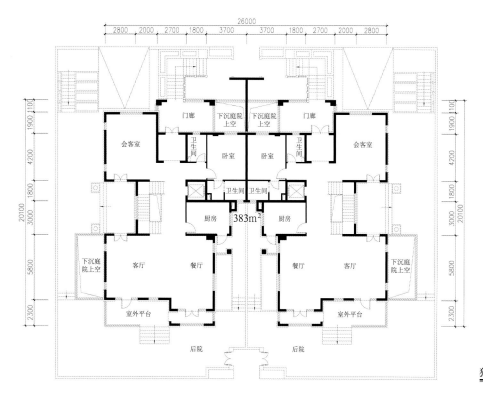

独栋别墅一层平面图

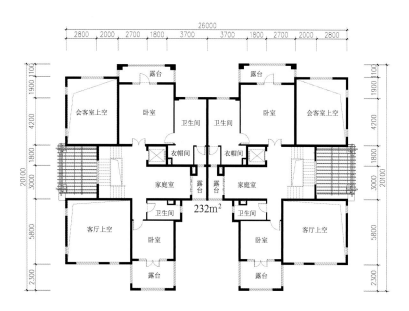

独栋别墅二层平面图

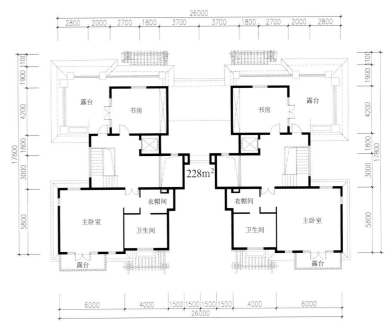

独栋别墅三层平面图

独栋别墅北立面图

独栋别墅南立面图

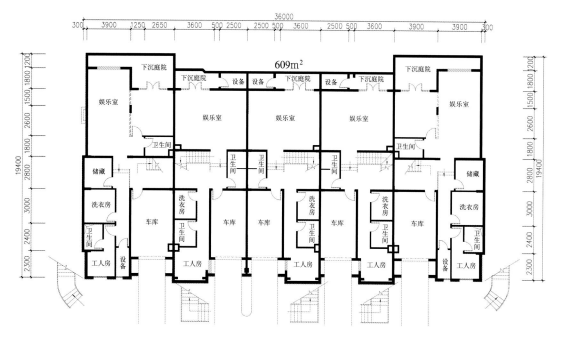

联排别墅地下一层平面图

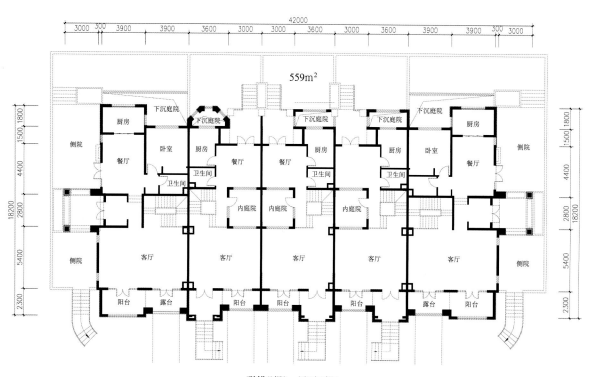

联排别墅一层平面图

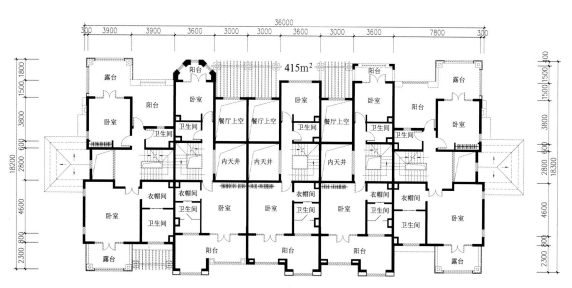

联排别墅二层平面图

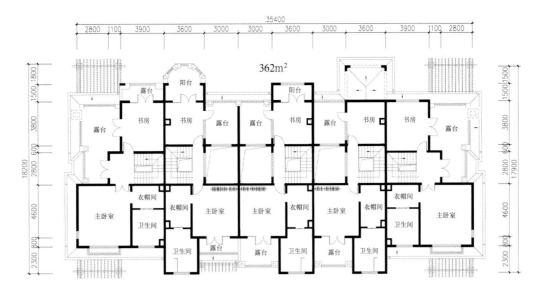

362m²

联排别墅三层平面图

联排别墅南立面图

联排别墅北立面图

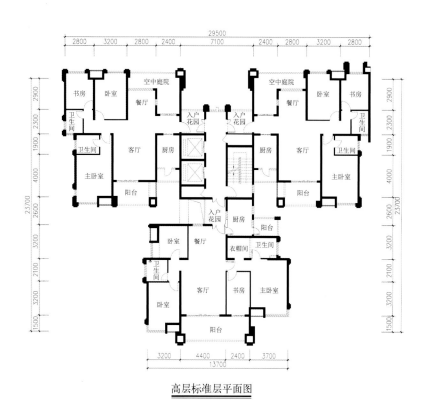

高层标准层平面图

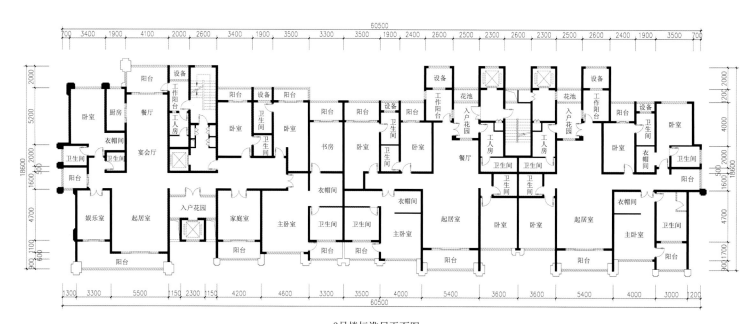

9号楼标准层平面图

广东 深圳大工业区土地整合及公共基础设施建设项目拆安置区一期

楼盘档案

开发商　深圳市坪山新区城市建设投资有限公司
设计单位　深圳市广泰建筑设计有限公司
设计师　陈卫伟、杨斌、龙武

经济技术指标

用地面积	5.5hm²
建筑面积	19万m²
容积率	3.48
绿地率	22%
总户数	2226
停车位	1600

项目概况

项目位于深圳市坪山新区竹坑地区，西邻创景路，东邻大外环高速，北邻规划竹岭一路，南邻规划竹岭三路。竹岭一路有坪山河生态景观。

统一布局 合理分区

整个西侧地块小区采取半围合式布局，5栋高层住宅建筑沿用地红线周边布置，沿创景路和竹坳路契合地形展开，中间形成大尺度园林景观。东侧两块用地相对独立，布置为小户型公寓。小区中部宽敞的庭院，使各幢楼都能欣赏池水、植物景观，同时也使住户在家里就能拥有良好的天空视野。在地块的角部留出适当的节点空间，减弱建筑对城市道路的压迫感及道路的噪音对住户的影响，创造一个舒适的生活环境。

中间竹坳路结合商业和小区服务中心成为整个地块的空间中轴线，将四块地结合起来，成为居民交往和休闲的理想场所。整个规划按照地形现状进行户型布置，将总体规划布局与合理的分配原则结合起来，明确整个小区的户型级配。把大户型180m²和150m²结合中户型布置在同一块条件较好的区域。大户型住宅具有最好的景观资源，所有户型均面向南面的庭院景观，180m²大户型同时可以看到坪山河的生态景观。70m²中户型可以看到小区内的庭院，同时可以西看麻雀坑水库。45m²小户型公寓独立成为一组布置在东侧地段独立出入口便于管理。

设计将各个层次居住人群合理分开，即满足居民的居住需要又满足居民出行、物业管理需要，分区明确同时照顾所有居民的居住环境。

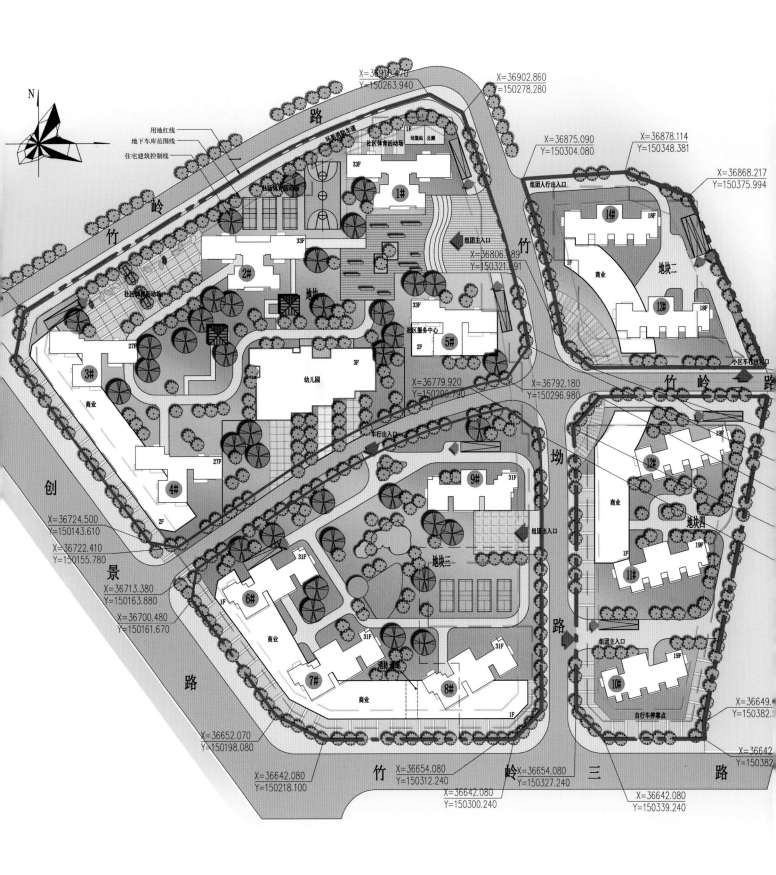

X=36918.470
Y=150263.940

X=36902.860
=150278.280

X=36875.090
Y=150304.080

X=36878.114
Y=150348.381

X=36868.217
Y=150375.994

N

用地红线
地下车库范围线
住宅建筑控制线

环花消防车道

社区体育活动场

垃圾站   公园

1F

33F

社区体育活动场

33F

1#

组团人行出入口

竹

14#   18F

2#

社区体育活动站

地块

33F

组团主入口
X=36806.589
Y=150321.191

商业   地块二

13#   18F

5#

27F

社区服务中心
2F

小区车行出入口

岭   竹

竹   岭   路

3#

幼儿园

3F

X=36779.920
Y=150296.790

X=36792.180
Y=150296.980

商业

12#   19F

4#

27F

车行出入口

商业   地块四

创

2F

9#   31F

11#   19F

X=36724.500
Y=150143.610

组团出入口

1F

X=36722.410
Y=150155.780

地块三

X=36713.380
Y=150163.880

31F

坳

X=36700.480
Y=150161.670

景

6#   1F

31F

路

10#   19F

商业

31F

31F

7#

消防通道

8#

组团主入口

X=36649.
Y=150382.

商业

1F

自行车停靠点

X=36652.070
Y=150198.080

X=36642
Y=150382

X=36642.080
Y=150218.100

竹   X=36654.080
Y=150312.240

岭 X=36654.080
Y=150327.240

三   路

X=36642.080
Y=150300.240

X=36642.080
Y=150339.240

功能完善 动静相宜

商业沿周边主要道路布置，通过商铺围合成相对封闭的小区，减少城市噪音的干扰，社区服务大楼布置在几个地块的中心，方便社区居民日常生活。同时社区服务大楼底层架空，内部的水景渗透出来，结合椭圆形的中心广场，形成地块的构图中心和活动场所，加强小区的场所感与识别性。

幼儿园布置在地块南侧，与住宅位于同一地块，通过建筑退让和园林环境设计为小区营造安静优雅的空间区域。同时幼儿园紧临竹岭二路，用地及管理相对独立，对小孩的接送既安全又方便，减少对小区的干扰。用地北面设垃圾处理站和公厕，在主导风向最下端，沿竹坳路和竹岭三路预留电动车充电站。

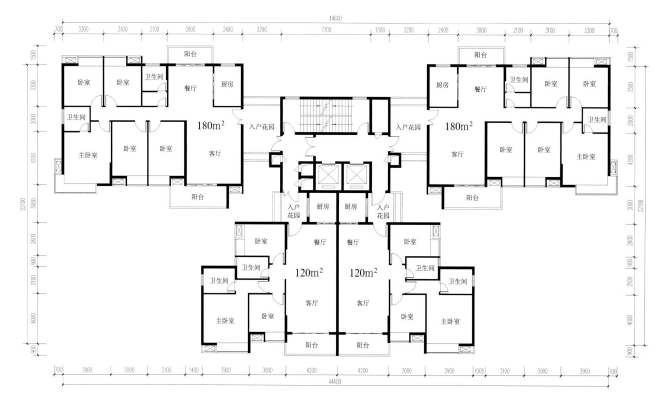

1、2号楼标准层平面图

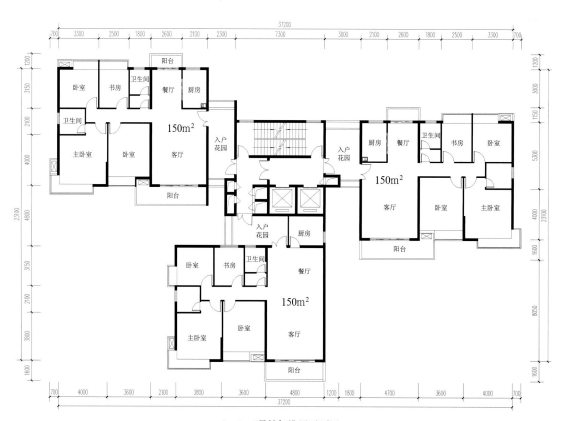

3、4、5号楼标准层平面图

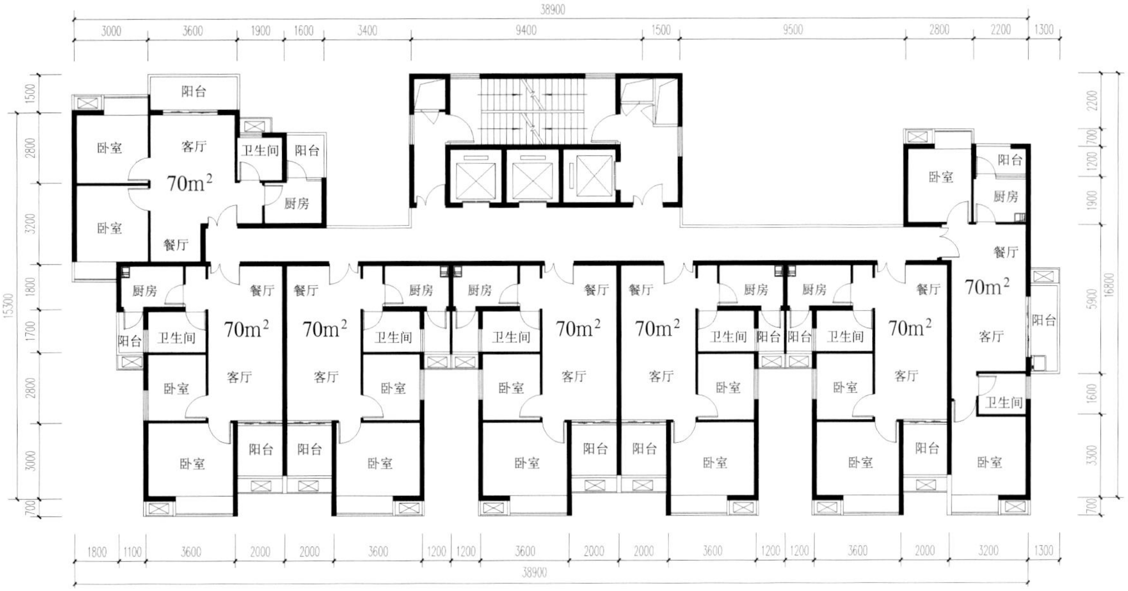
38900
3000 3600 1900 1600 3400 9400 1500 9500 2800 2200 1300
阳台
卧室
客厅
卫生间
阳台
70m²
厨房
卧室
餐厅
厨房
餐厅
70m²
客厅
卧室
卧室
1800 1100 3600 2000 2000 3600 1200 1200 3600 2000 2000 3600 1200 1200 3600 2000 3200 1300
38900

6、7、8号楼标准层平面图

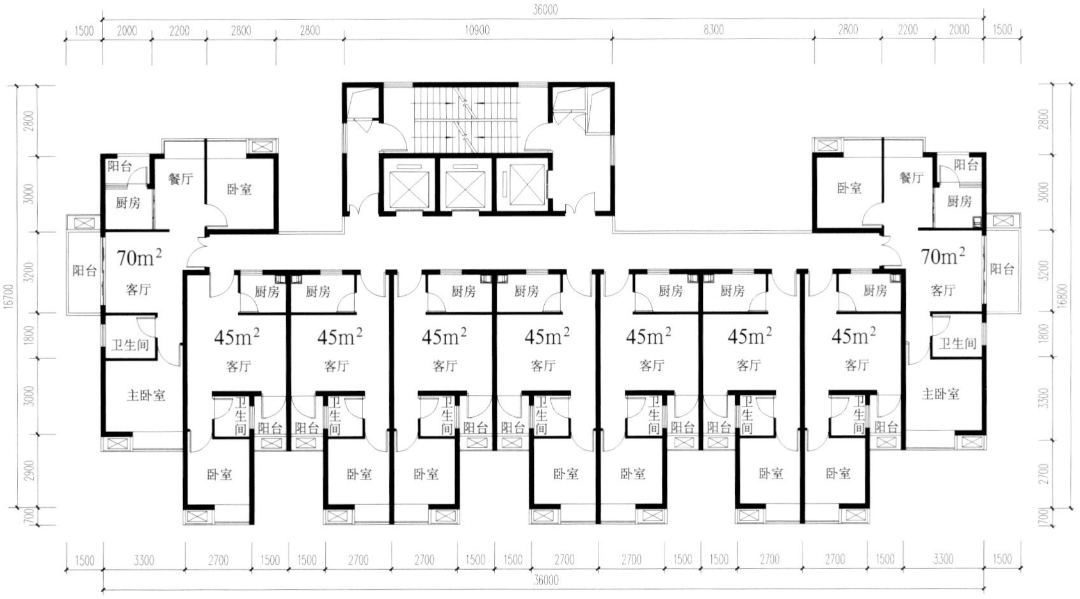
36000
1500 2000 2200 2800 2800 10900 8300 2800 2200 2000 1500
阳台
餐厅
卧室
厨房
70m²
客厅
卫生间
主卧室
45m²
客厅
卫生间
阳台
卧室
1500 3300 2700 1500 1500 2700 2700 1500 1500 2700 2700 1500 1500 2700 2700 1500 3300 1500
36000

10、11号楼标准层平面图

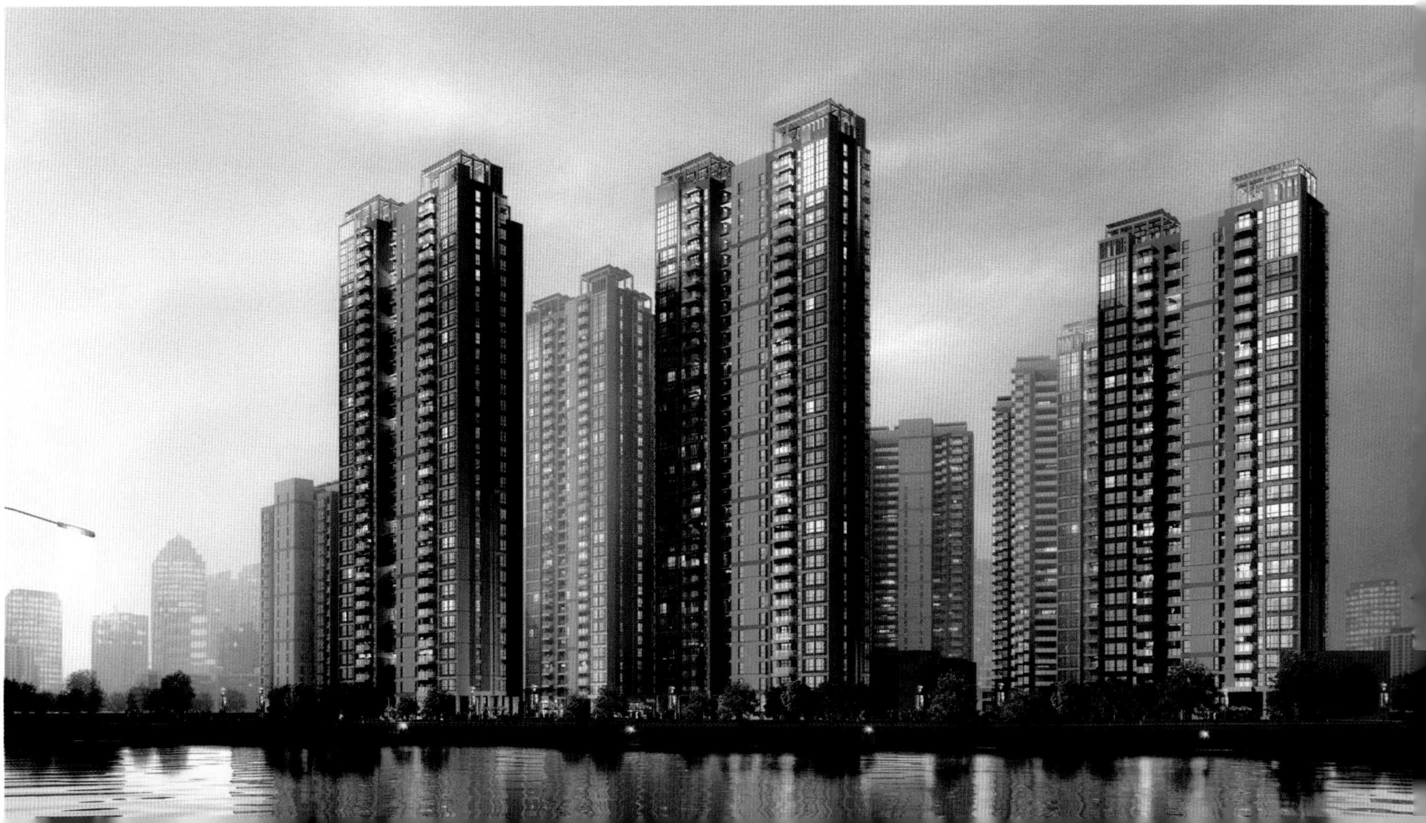

广东 深圳公明办事处保障性住房

楼盘档案

开 发 商　深圳市光明新区公明办事处
设计单位　深圳市广泰建筑设计有限公司
设计师　龙武、陈可、林海燕

经济技术指标

用地面积　1.5hm²
建筑面积　5.4万m²
容 积 率　3.49
绿 地 率　37.8%
总 户 数　602
停 车 位　750

项目概况

项目位于深圳市公明中心区。基地西侧为公明文体中心，隔路相望；北侧为公昌路，隔路新建一住宅小区，与已建住宅小区幼儿园相邻，对该地块形成了一定的噪声干扰；东侧为荣兴路，与城中村相邻；东南面相邻的多层住宅，对小区夏季通风影响轻微；东北面为已建成高层居住小区，可阻挡该小区的冬季寒风。周边市政道路完善，环境总体较好。仅有华发路车辆较多，且对面为文体中心，环境相对较差。

动静分明 视野开阔

住宅总体均为南北向布局，在用地边角界定了区域空间，同时缓解了商业建筑对街道的压迫感，具有良好的景观视野。正南北向的住宅与华发路、公昌路和荣兴路形成了较大的夹角。放大城市交叉路口的节点空间，同时减弱了建筑对城市道路的压迫感及道路的噪音对住户的影响。四栋塔楼均是正南北向布置，每户都有朝着东南风的较好迎风面及对天空的良好视野景观。用地西侧的城市支路和文体中心蕴含了巨大的商机，规划配套设施中的两层商业主要沿华发路布置并延伸至公昌路小区主入口一侧。

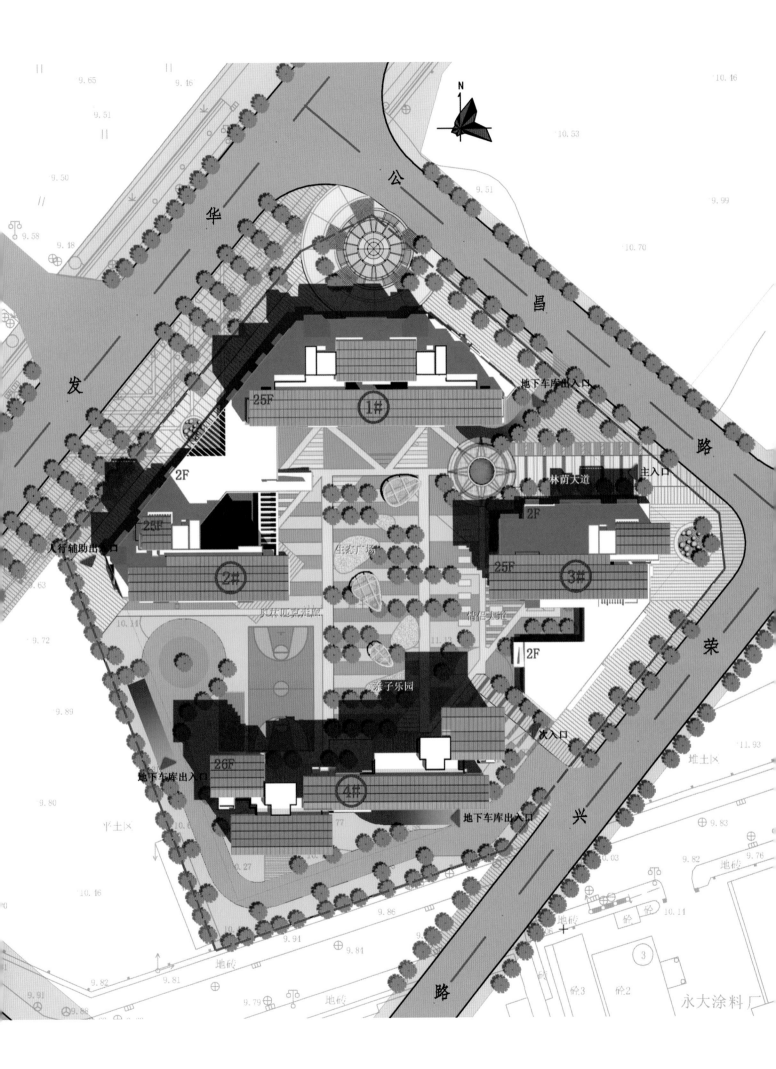

相互贯通　生机无限

基地西边是该区域地标——红花山。环境优美，视野开阔。郁郁葱葱的山脉为地块画出了一道绿色的对景。

入口广场和内部庭院形成了流动的空间联系和统一协调的空间，营造了不受干扰的邻里交往空间。

中心绿地设置了充足的室外体育综合设施，为居民提供良好的健身环境和安全活动空间。

人车分流　贴近自然

为保证小区内部纯粹的活动空间，交通组织形成人车分流，营造了不受干扰的邻里交往空间。一般车辆均不入内庭院，保证了小区内部的交通安全和人居品质。结合总平面布局形成外围车流线，方便机动车进入地下室。设置地面停车场地及地下停车库，业主即可轻松到达各个住宅单元。人行交通通过与自然生态相结合的景观步道来体现现代居住区的人性化。消防车道布置在地面建筑周边形成消防环路，紧急情况下消防车可在园内草坪、铺地广场上行驶。

1号楼标准层平面图

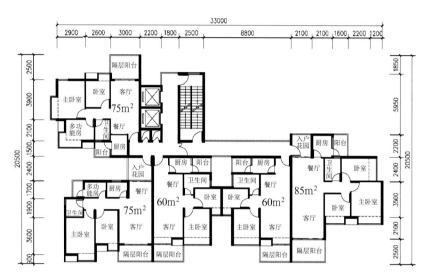

2号楼标准层平面图

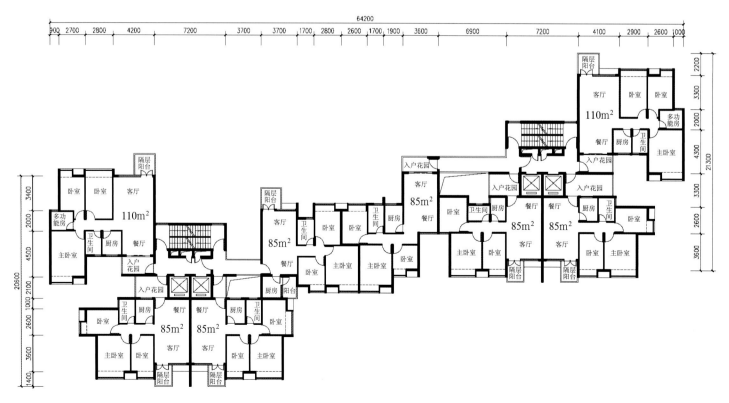

4号楼标准层平面图

广东　深圳南山区南油购物公园

楼盘档案

开发商　深圳市金龙房地产开发有限公司

设计单位　AUBE（欧博设计）法国欧博建筑
　　　　　与城市规划设计公司
　　　　　深圳市博艺建筑工程设计有限公司

设计师　段安安、冯越强、白宇西

经济技术指标

公园用地面积　　8.8hm²

商业建筑面积　　6.7万m²

办公建筑面积　　11万m²

公寓建筑面积　　9.3万m²

酒店建筑面积　　3.3万m²

地下机动车位　　4031

地上机动车位　　107

项目概况

项目位于深圳市南山区南海大道道西，南光路东，登良路北，创业路南。基地呈不规则多边形状。

顺应地势　围合空间

4号为酒店用地，3、5、8号为办公用地，其余1、2、6、7号为公寓用地。地下2、3层为停车库、设备机房，地下1层为商业，中央为下沉生态水公园；地上1、2、3、4层为商业和相应建筑配套，各地块由+6m标高的步行廊桥全部串接；地上5层以上为各分地块的主要建筑功能。

竖向系统基本可分为五个层次，整体形成中心低外围高的"碗"状结构。

-6m标高：主要包括外围的下沉商业、中央的水主题生态公园以及水下艺术中。

-3m标高：主要是由中央向外围蔓延的丘陵坡道。

地表0m标高：主要为分地块之间的发散型商业漫步空间和8座建筑生长板下方的8个主题公共文化空间。

+6m标高：主要指贯穿各地块的空中商业连廊和艺术走廊。

+6m标高以上：从中心公园始发，沿生长板上行，可直接抵达各建筑内部地表4层的商业空间，提供了8条与公园紧密相伴的室外商业步行流线。

各分地块建筑基本为内筒外框式结构，柱网方正、布局紧凑，使用功能可自由调节转化。分地块之间均设有自动扶梯上下穿越，并经由地下一层的商业将8个地块完全连接在一起，为商业整体业态的分布、转换以及管理提供了便利。

19F
80M
plot7

24F
99.8M
plot6

plot8

15F
64M

plot5

36F
150M

N

park

plot1
24F
99.8M

plot4

24F
99.8M
plot2

16F
67.8M

plot3

36F
150M

错落有致　立体空间

　　车行系统设计突出便捷性。项目中车辆的流通借助周边的道路网和内部环形辅道协调解决。在基地内部增加8m宽双车道顺时针单行环线，既作为主要的消防通道，同时兼做主要的机动车行通道。地表机动车的主要进、出口分别设在用地的东、南、西、北四个方向。

　　步行系统设计突出立体可达性，最大可能的提供步行空间的可达性和多样性，编织成张弛有致的步行经纬网。地下1层的商业、中央的下沉生态水公园、地上1~4层的商业和相应建筑配套、各地块的步行廊桥、地上5层以上各分地块的主要建筑功能、将水平面的经纬网拉伸成立体化的动态步行系统。

层次丰富　生机无限

　　景观设计首先强调自下而上、自内而外的线性张力。纵向的线性表现为绿化由下向上的延展，从核心庭院到覆土屋顶花园直至建筑面向生态公园一侧的垂直中庭和空中花园。横向的线性蜿蜒覆盖，依据使用功能分为自行车道、散步通道、慢跑通道、娱乐通道甚至学习通道等。中央蓄水池的下方为公众地下美术馆，穿过水波的阳光为艺术品撒下一层柔和的光晕。生长的地表以裙房覆土屋顶花园的形式，为植物提供了攀援的场所，利用热辐射、雨水渗透等技术，恢复了土壤的自我修复能力。除自然光的因素外，人工光环境的特殊设计，分别强调了穿越性和滞留性的场所空间感，为人与自然提供了夜间交流的机会。

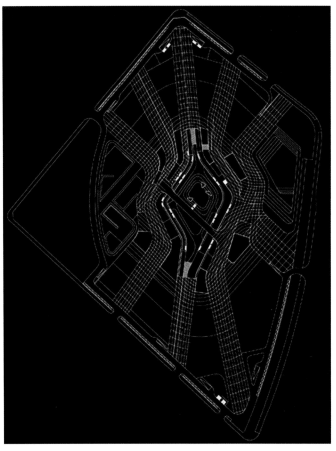

水景系统

绿化系统

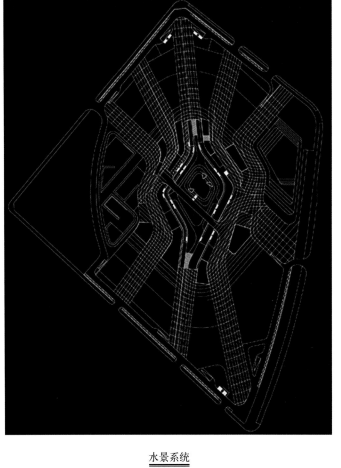

规划控制网格

步行系统

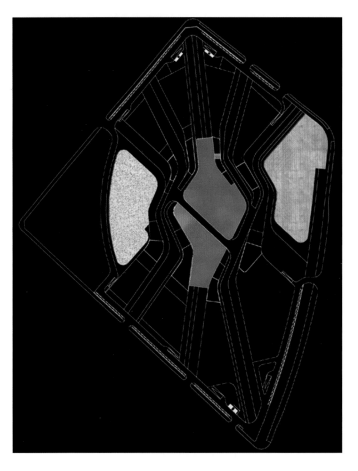

公园主题公共活动空间

空中展廊

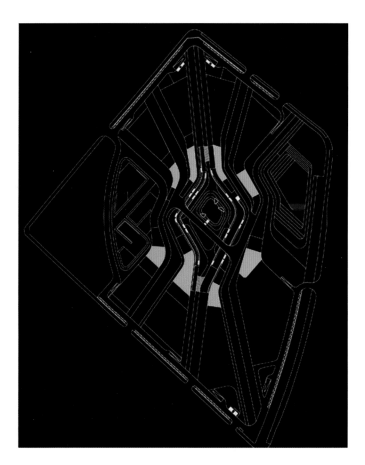

主题广场

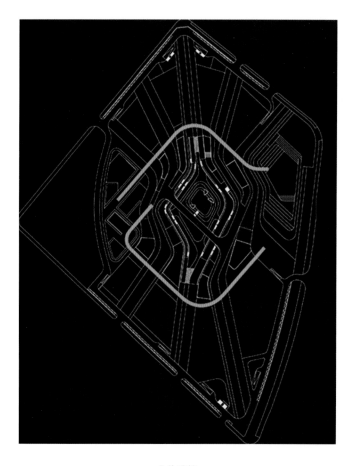

主体建筑

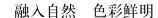

融入自然 色彩鲜明

所有建筑均强化其由中央生态公园蜿蜒而出，受到外围市政道路的阻隔，进而向上延展的生长趋势。塔楼后部拖曳的尾翼为绿化景观的一部分，向上则随着建筑高度的增加，绿色密度逐渐减小，但仍保留了面向中央公园一侧的中庭或空中庭院。建筑面向城市一侧线条刚挺有力，背部舒缓流畅；建筑两两之间则强化双方的交流以及城市生活的渗入。爆发的地表沿着8个不同的方向包裹形成了相应的功能空间。

各建筑主要功能入口均沿外围设置，商业基本位于建筑底部的1~4层，竖向交通与安全疏散与顶部高层塔楼完全分开。商业入口主要设置在每两地块之间的商业内街中，商业内街中有自动扶梯与地下一层商业密切相连。底部商业裙房以玻璃与金属型材为主，采用冷灰色系，与底部斑斓的景观色彩相得益彰。

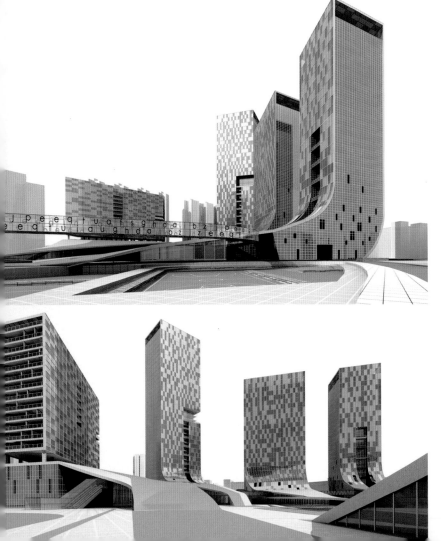

广东　深圳圣·莫丽斯

楼盘档案

开 发 商　深圳市华来利实业有限公司

设计单位　深圳奥意建筑工程设计有限公司
　　　　　澳大利亚柏涛墨尔本建筑设计有限公司

设计师　　赵嗣明、曾春雷、陈晓然、王漓峰、
　　　　　陈柯、熊浩

项目概况

　　项目位于深圳市福田区香蜜湖北塘朗山风景区内，三面环山，背靠连绵50km的由原生森林覆盖的塘朗山，东面毗邻玉龙路，顺南坪快速路引桥南向直通福龙路，离深圳福田中心区五分钟车程。

三轴两带　多样布局

　　北轴：自东端入口商业广场经中央深水湖区到达西端TOWNHOUSE区。北轴基本划分了中高密度高尚住宅区与低密度豪宅区。

　　南轴：自小区形象入口起经中央椭圆休闲广场，横越水面到达中央TOWNHOUSE区。

　　弧轴：分别起始于小区中部的两个车行入口，是小区主要的沿水步行景观轴所在，也起到了划分叠拼洋房区和TOWNHOUSE区的作用。

　　水体带：分别始于小区中部的南北两端，横贯整个小区，汇入居住区中部的中央深水区域。整个水体带规划以原有自然水体为基础，水体标高错落有序，并渗入于TOWNHOUSE区，形成一座座天然的居住岛屿。

　　山体带：毗邻小区的西线的原始山体，规划为整个区域的天然布景，规划建筑或依山形参差错落，或点缀于山林之间。

依山傍水　回归自然

　　一级绿化系统为自然的山体，在景观设计上充分考虑山景，水景、住区三者之间的对景关系，在不破坏自然山形的前提下，将尽量多的原始山体景观引入小区内。同时在小区西侧还设有4处上山栈道，使住户能充分领略到美妙的原始自然景色；二级绿化系统为小区级绿化，按照私密性和规模又可分为公共绿地、组团绿地、私家绿地。

　　依照水面不同设计高程，整个小区水景可分为：叠水区、深水区及亲水区。

　　叠水区：自地块北部组团中心水景开始，由北自南，顺地势高差分层缓缓跌落，横贯整个中高层区。

　　深水区：为小区的中心水景区，南临社区商业会所，设有商业休闲广场与码头，亦是北部叠水水体与南部水体交汇之处。

　　亲水区：位于规划地块南部，豪华住宅区以岛状形式分布于其中，临水区设置栈道与人工自然驳岸，形成私家水景区。

　　水体的流动将小区广场和各组团绿地自然而然的联系起来，而各组团景观绿地由通过户前绿地和分户庭院逐渐辐射渗透到各家各户，形成一个自然的、渐进的过渡。

因地制宜　细致周到

　　交通组织上简化人流及车流，令每个出入口均发挥其最大功效。规划北部与白龙路交接设引入式交通体系，在靠南部从玉龙路先引入分车道向下通过栈道进入本案的南部入口，而在玉龙路则设人行栈桥与本案衔接，形成立体交通体系。

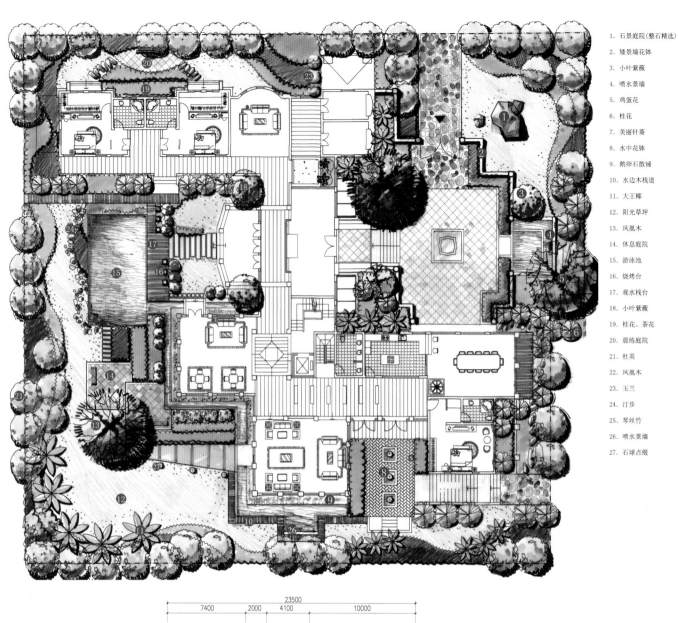

1. 石景庭院(整石精选)
2. 矮景墙花钵
3. 小叶紫薇
4. 喷水景墙
5. 鸡蛋花
6. 桂花
7. 美丽针葵
8. 水中花钵
9. 鹅卵石散铺
10. 水边木栈道
11. 大王椰
12. 阳光草坪
13. 凤凰木
14. 休息庭院
15. 游泳池
16. 烧烤台
17. 观水栈台
18. 小叶紫薇
19. 桂花、茶花
20. 晨练庭院
21. 杜英
22. 凤凰木
23. 玉兰
24. 汀步
25. 琴丝竹
26. 喷水景墙
27. 石球点缀

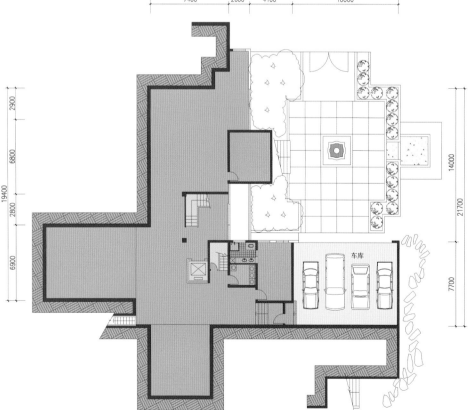

A06别墅地下层平面图

4800 6000 4800 3000 4800 7800 8300

39500

父母卧室　父母卧室　客卧

小客厅

门厅

大客厅

厨房

餐厅

家庭活动室

神房　佛室

A06别墅首层平面图

4800 6000 4800 3000 4800 7800 8300

39500

卧室　卧室　卧室

公共衣帽间

书房

衣帽间

主卧室

家庭厅

8700 1200 6000 8500 6300 3600

34300

A06别墅二层平面图

11400
1200 4200 6000

600 1500
5600
21500
7000
2000
4800

娱乐室
车库
休闲活动室
191m²
工人房
视听室

4200 3900 2700
10800

A28别墅地下层平面图

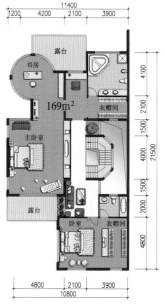

2400 11400
1200 4200 2100 3900

600 1500
5600
21500
7000
2000
4800

1500
4100
2100
1500
21500
4000
1500
6800

戏水池
阳光室
门厅
客卧
客厅
174m²
游泳池
餐厅
厨房

2400 4200 3900 2700
10800
2400

A28别墅首层平面图

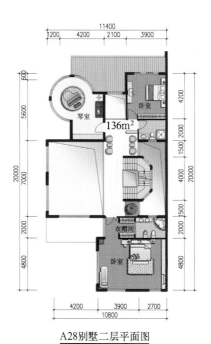

11400
1200 4200 2100 3900

600
5600
20000
7000
2000
4800

4200
1500 2000
4000
2000 1500
4800

琴室
卧室
136m²
衣帽间
卧室

4200 3900 2700
10800

A28别墅二层平面图

11400
1200 4200 2100 3900

4100
2100
1500
21500
4000
1500
2000
4800

露台
书房
169m²
衣帽间
主卧室
露台
卧室
衣帽间

4800 2100 3900
10800

A28别墅三层平面图

广东　深圳万科金域东郡

楼盘档案

开 发 商　深圳市万科房地产开发有限公司
设计单位　深圳市博万建筑设计事务所
设 计 师　姚俊彦、于清川、吴运鹏、彭彬

经济技术指标

用地面积　2.6hm²
建筑面积　7.9万m²
容 积 率　3.0
绿 地 率　35.5%
总 户 数　850
停 车 位　797

项目概况

项目位于深圳市龙岗区坪山街道，地块成规则的长方形，南北长约200m，东西长约120m。东面是住宅用地，与本地块同样属于二类居住用地；西面是规划中的九年制小学；南北两侧均为城市次干道，现状已建好。

地块内有多处起伏，有大量的天然湿地与积水，有大量的芦苇类植被，无高大乔木。地块南部较为平缓，中部较高，起伏较大。北部较低洼，与城市道路之间有较大高差，最高点与最低点高差近10m。

顺应地势　庭院花园

结合地块内地形特点，基本满铺设置了地下车库，住宅及小区主要庭院设于车库之上。四栋住宅以大围合的形式布置于用地周边，住宅层数依地形从南到北依次递增。北侧布置了一栋23层住宅，南侧布置了一栋16层住宅，而在用地的中间东西侧各布置了一栋21层住宅，这种布置方式在满足停车需要外还可以在用地内部形成很大的内部庭院，并且有利于改善小区内部的通风和日照，改善后排住宅的视线。小区内设有多处供居民休闲、娱乐、健身等公共设施。

在竖向设计上

该项目充分利用了原有地形南北两侧的高差，把小区内庭院整个抬高至与北侧道路相近的标高，充分利用原小区内庭院与南侧道路形成了约5m的高差，车库及商业设施相当合适的充满了内庭院下层的空间。这种竖向设计所带来的优点，是极大的减少了建设地下车库所需要开挖的土方量，同时对于强化小区庭院空间与外部城市空间的相对独立性，丰富小区的空间层次感受，达到人车完全分流及方便车库车辆的进出等方面都有很好的效果。

环形车道　人车分流

小区人行主出入口设于用地西南角，结合商业形成弧形入口广场；次出入口设于东西两侧，方便车辆及人流的进出与管理。小区主干道宽6m，两边设有路边停车位，担负区域内部主要车行交通与连接公共空间功能。停车采用地下与地面结合的停车方式。

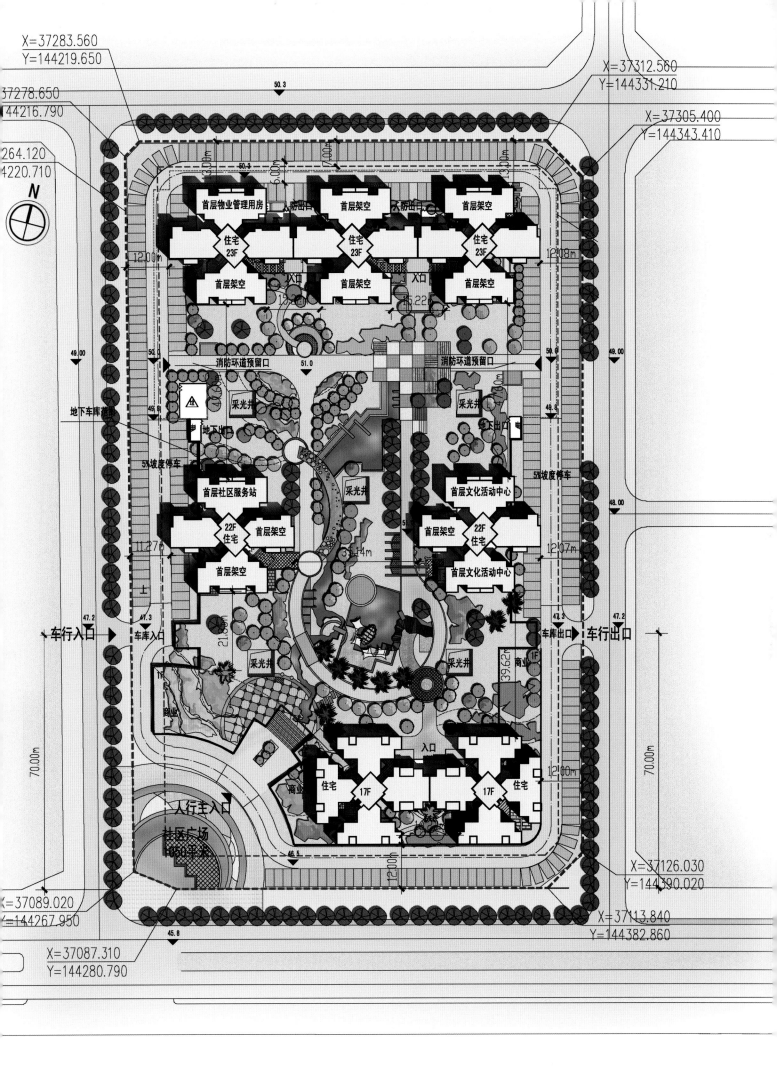

X=37283.560
Y=144219.650

X=37312.560
Y=144331.210

37278.650
44216.790

X=37305.400
Y=144343.410

264.120
4220.710

N

50.3

13.00m

6.00m

17.00m

13.00m

首层物业管理用房　入防出口　首层架空　人防出口　首层架空

12.00m

住宅
23F

住宅
23F

住宅
23F

12.08m

首层架空　X门　首层架空　X门　首层架空

15.22m

49.00

50.0

消防环道预留口

51.0

消防环道预留口

50.0

49.00

49.8

采光井

采光井

地下车库范围

地下出口

采光井

11.27m

5%坡度停车

首层社区服务站

首层文化活动中心

5%坡度停车

48.00

22F
住宅

首层架空

采光井

首层架空

22F
住宅

12.07m

首层架空

首层文化活动中心

35.14m

47.2

47.3

车行入口　车库入口

21.86m

采光井

采光井

47.3

47.2

车库出口　车行出口

1F
商业

39.62m

70.00m

1F
商业

住宅

17F

入口

17F

住宅

12.00m

12.00m

人行主入口

商业

社区广场
1800平米

X=37126.030
Y=144390.020

X=37089.020
144267.950

46.5

45.8

X=37113.840
Y=144382.860

X=37087.310
Y=144280.790

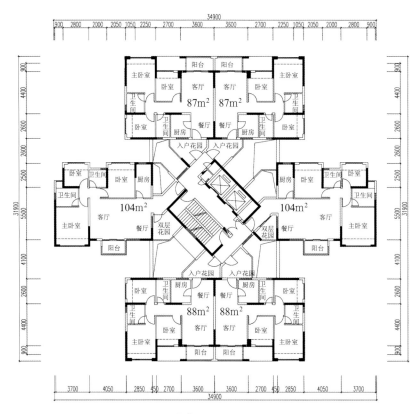

2栋标准层平面图

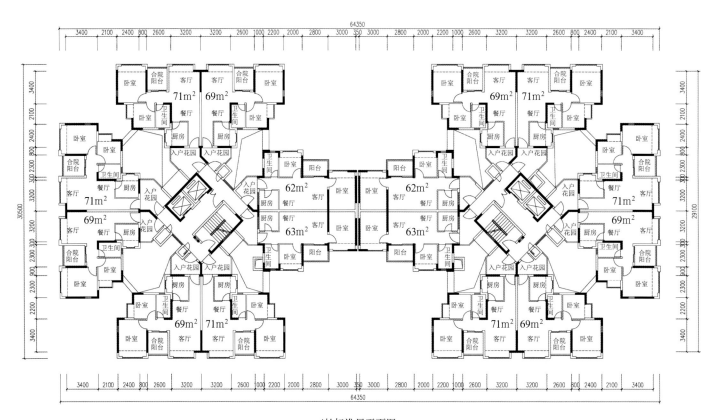

4栋标准层平面图

简洁现代　注重细节

　　立面采用现代平屋顶建筑风格，利用建筑横竖向交错的墙体、双层高的阳台隔构，形成了建筑的外墙骨架。外墙以浅色面砖为主，配以木色百叶分隔、线条流畅、棱角分明，加上下部洞石、面砖及涂料等细部的深入刻划，营造了现代感极强的居住氛围。

广东　肇庆金凯盛·誉城

楼盘档案

开发商　四会市鼎城房地产开发有限公司
设计单位　深圳奥意建筑工程设计有限公司
设 计 师　陈晓然、骆小帆、吴珍

经济技术指标

用地面积　38.9hm²
建筑面积　65.5万m²
容积率　　1.5
绿地率　　38%
总户数　　3736
停车位　　2200

项目概况

项目位于肇庆市新城区西江南岸，临西江支流三江汇聚点，南接山脉，西北两面临江，具备得天独厚的地理位置。地块南、东、西三面用地周边3km范围内均为丘陵地带，覆盖着未经开发的原始森林，植被相当稠密，空气的负离子含量极高，自然环境资源优势；北面为北江支流——绥江，江面宽度200～250m左右，江水清澈（可游泳），河鲜产量丰富。地块内有多处天然湖面，拥有较大面积的水面。整体地块北高南低，地形高低起伏，自然植被保护较好。

因地制宜　合理分区

围绕原有绿岛，创造岛居别墅区核心，伴以水湾、山谷，形成社区中心。保留原有地貌，利用部分水面，引山谷中四条天然山泉汇聚于绿岛核心周围，形成以天然活水为主题的水景观道，构成社区的景观构架。围绕绿岛核心放射性展开的绿色通廊串联起江-岛-水-山-系列景观节点，形成完整的景观视线脉架。生态轴既为整个小区的结构控制轴，也是景观环境的连接链，将各节点的主题空间串起来，增加了小区的向心力，将各地段通过此轴有机联系，使每个组团均能便捷的到达生态轴、核心景观区。

以用地等级为依据明确合理的功能分区：低层住宅——景观高层——公建。结合南面山谷、核心绿岛以及用沿江中部较平坦位置设置低层住宅；景观高层分为二个组团集中布置于东面沿江及西面山脚位置，以获得最佳小区园景和一线江景。景观高层自成区域，组团庭院为大尺度空间；酒店、商业街、会所、学校共同形成公建区，设于靠近道路桥梁的位置，交通便利又利于独立开发经营。商业集中布置，自成一区，并设计成商业街的形式。公建区探入社区主景观中，起到景观共享及展示作用，结合休闲绿化带、市民广场等，成为颇具规模的城市新亮点；小学设于小区内，与高级中学临江对望。另于东面高层区内部设幼儿园。

理性有序　人车局部分离

通过两个主要出入口与城市道路和飞鹅岭大桥相连。其中与大桥相连的入口为社区的主入口，也是社区形象展示和会所商业所在位置。小区设主环道连接两个主要出入口，各组团由主环道进入组团内部环路或地下停车场。由于原始地貌与规划道桥标高存在颇大高差，形成了依山就势的生态车库条件。道路分级明确，保证了别墅区的安宁和尊贵。

层次分明　融入自然

　　江景-山景-核心绿岛-水景-绿色通廊-组团绿化都通过生态轴紧密联系在一起，自然形成环环相扣、层次分明的景观结构。

　　整个社区共分为三层立体景观，第一层自然原生态山体景观，第二层公共花园景观，第三层私家庭院景观。小区的公共绿地、水体、组团绿化，及生态景观形成立体绿化系统。

顺应地形　户户有景

　　低层住宅对不同的地形采用相应的处理方式，一方面有效减少土方量，另一方面使建筑和山体有机结合。低层建筑都设计了私家花园，扩大了私人的室外活动空间，建筑设计也采用了退台的方式，形成室内外空间很好的过渡，同时令建筑和山体相互交融，犹如一体。山体建筑利用标高关系，使得户户有景，视线开阔。

　　高层建筑以景观最大化原则设计，使最多的户数能看到一线江景，其次是大花园。建筑户型力求方正、南北通透。

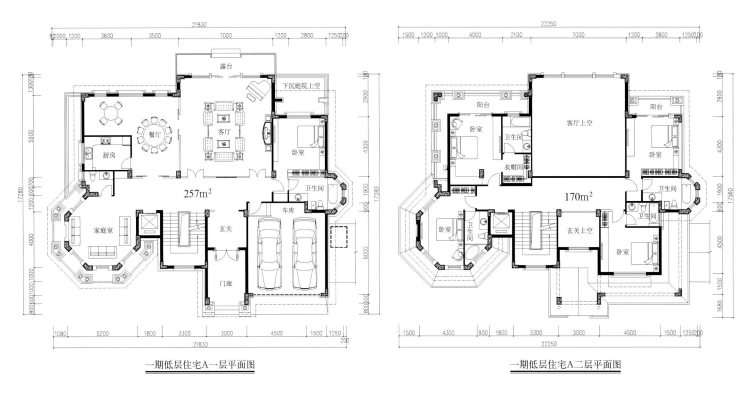

21830

露台

下沉庭院上空

餐厅

厨房

客厅

卧室

卫生间

257m²

车库

家庭室

玄关

门廊

21830

一期低层住宅A一层平面图

22250

阳台

卧室

客厅上空

卧室

卫生间

衣帽间

阳台

卧室

卫生间

170m²

卫生间

玄关上空

卧室

22250

一期低层住宅A二层平面图

21750

阳台

卧室

露台

书房

卫生间

茶水间

136m²

衣帽间

玄关上空

阳台

21750

一期低层住宅A三层平面图

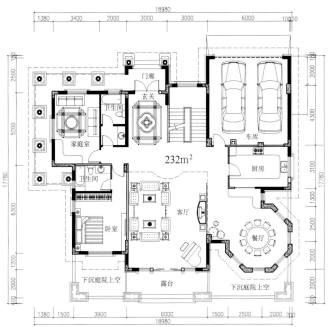

一期低层住宅B一层平面图

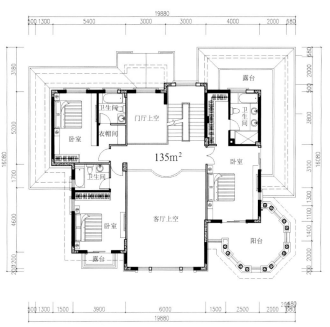

一期低层住宅B二层平面图

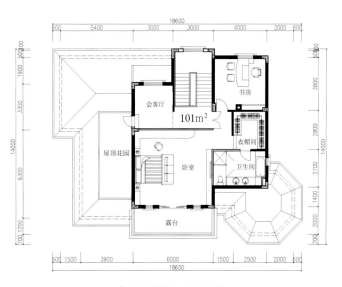

一期低层住宅B三层平面图

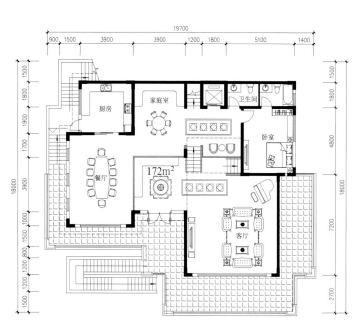

二期低进低层住宅一层平面图

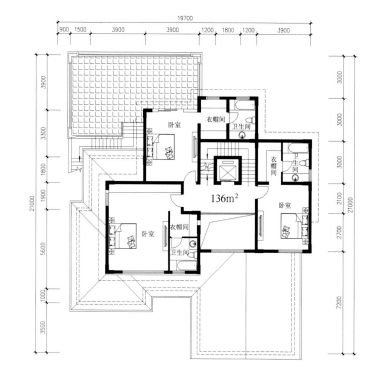

二期低进低层住宅二层平面图

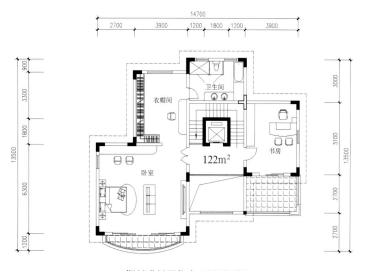

二期低进低层住宅三层平面图

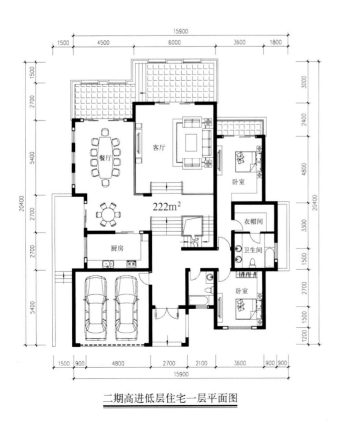

二期高进低层住宅一层平面图

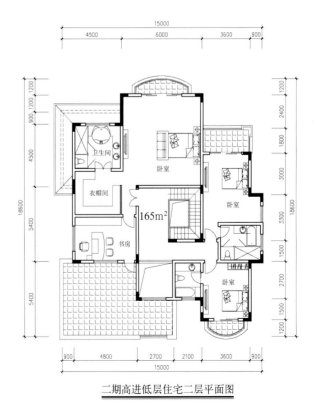

二期高进低层住宅二层平面图

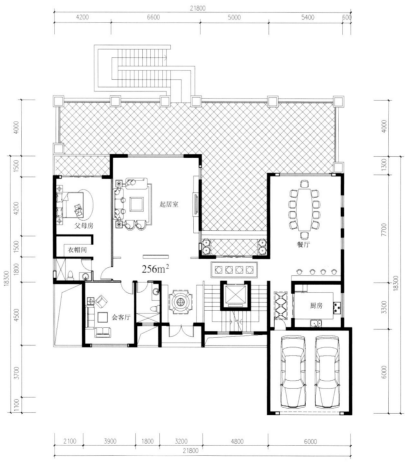

21800
4200　6600　5000　5400　600

4000
1500
4200
1500
1800
4500
3700
1100
18300

父母房
衣帽间
会客厅
起居室
餐厅
厨房

256m²

4000
1300
7700
3300
6000
18300

2100　3900　1800　3200　4800　6000
21800

二期山顶低层住宅一层平面图

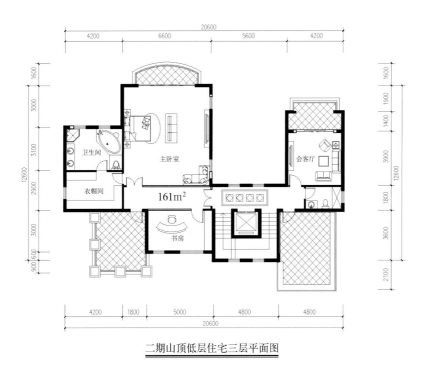

20600
4200 6600 5600 4200

1500 1500 1900
4200
起居室上空
卧室 3800
154m²
14700 1800 卧室
衣帽间 1500
1800
卧室 门厅上空 1800
4500
卧室 3900
1200
3600 3600

2100 3900 1800 3200 4800 4200 600 1200
20600

二期山顶低层住宅二层平面图

20600
4200 6600 5600 4200

1600 1600
3000 1900
3100 卫生间 主卧室 1400
12600 会客厅 3900 12600
衣帽间 161m²
2900 1800
3000 3600
900 600 书房
2100

4200 1800 5000 4800 4800
20600

二期山顶低层住宅三层平面图

河北　三河@北京项目

楼盘档案

设计单位　C&P(喜邦)国际建筑设计公司

设　计　师　樊斌、范洪涛

经济技术指标

用地面积	$7.7hm^2$
建筑面积	19.4万m^2
容 积 率	2.5
绿 地 率	41%
总 户 数	2910
停 车 位	2873

项目概况

项目位于三河市燕郊城区中心位置，燕郊火车站对面，行宫东大街与汉王路交汇处，北侧为燕郊阳光小区。周边购物、医疗、学校等配套一应俱全，具有较强的居住氛围。

融入城市　地标建筑

项目用地分为南北两部分，北边为居住用地，南边为小学用地。

居住用地采用自由开放式布局，主次景观节点分明，与环境取得协调。基地北接行宫东大街，东临汉王路，考虑其位置的优越性，利用高层与多层的退线差沿街布置了商业街，商业为内街形式。在行宫东大街与汉王路交界处布置了高层公寓，形成该地区的区域标志。

住宅共14栋，沿着北侧、东侧各布置了三栋短板式住宅，小区内部住宅主要呈点式布置，主要的建筑朝向是南北向，使每一户住宅都拥有良好的日照条件和景观，提高了住户的居住品质。

组团景观　步移景异

整个小区的景观被处理成三种区域：

一是沿街商业围合成的商业景观，主入口的旱喷广场将开放空间与领域空间结合，给市民提供了一个可以相互交流、休憩的城市广场；

二是位于中心景观花园，以入口广场、步行曲径、中心休息庭以及蜿蜒的水景等数个不同元素来组成独具特色的景观园林；

三是四个组团景观带，住宅间形成私密性强的绿化组团和空间形态各异的院落环境。

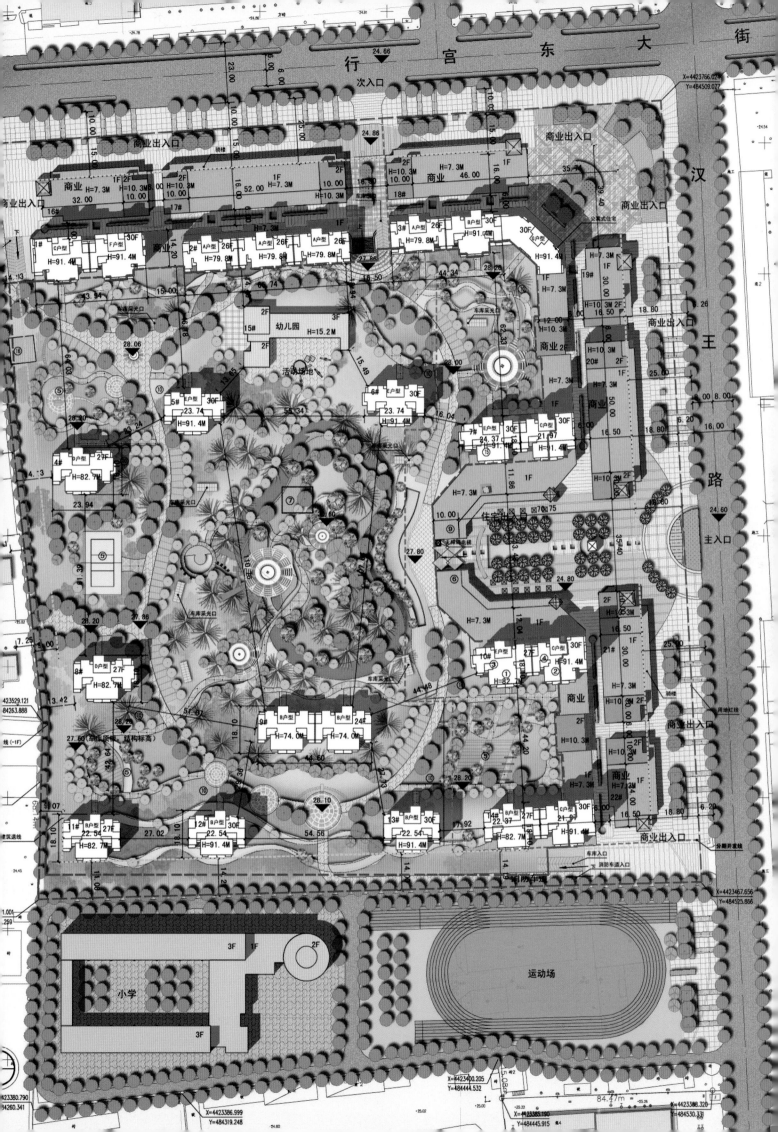

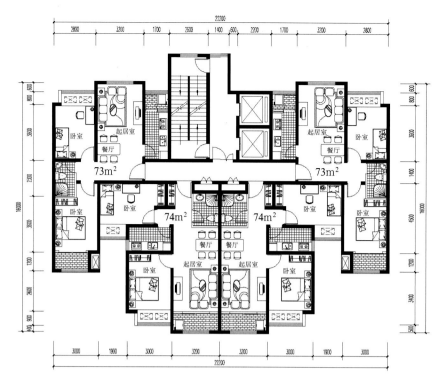

22200

2800 3200 1700 2600 1400 900 2200 1700 3200 2800

600 800 3600 2300 3600 1700 2600 900 400 16000

起居室
餐厅
卧室
73m²

起居室
餐厅
卧室
73m²

卧室
卧室
74m²
餐厅
餐厅
起居室
起居室
卧室
74m²
卧室
卧室

600 800 3600 1400 4500 1200 3400 500 16000

3000 1900 3000 3200 3200 3000 1900 3000

22200

B户型平面图

人车分流　环形路网

　　小区内部人车分流，机动车直接进入半地下车库，减少对小区内部的干扰，使小区内部更加安静、安全。小区主入口设于东侧，次入口设于北侧。全区设计的步行系统，形成环形的网络，贯穿主要住宅组团，具有沟通景观、健身赏景、休闲的作用。利用小区内部的景观步道兼做消防应急车道。

线条丰富　细部刻画

　　立面造型采用Art Deco建筑风格，结合了因工业文化所兴起的机械美学，以较机械式的、几何的、纯粹装饰的线条来表现建筑的高耸挺拔，其特色是有着丰富的线条装饰与逐层退缩结构的轮廓，看似既传统又创新的建筑风格，结合了钢骨与钢筋混凝土营建技术的发展给人以拔地而起、傲然屹立的非凡气势。建筑整体色彩以浅黄色为基调，底部5层为深褐色石材，商业的建筑材料以石材为主，体现良好的城市风貌。

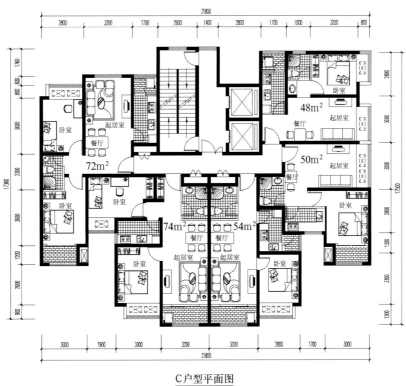

C户型平面图

河北　唐山悦湖丽景

楼盘档案

开 发 商　唐山建功置业房地产开发有限公司
设计单位　北京东方华脉建筑设计咨询有限责任公司
设 计 师　孙明军、刘金辉、孙蕊、张海霞、
　　　　　陈巨兰、罗其荣、童牧、田淞淞、
　　　　　史迪思

经济技术指标

北区
用地面积　6.6hm²
建筑面积　8.1万m²
容 积 率　1.05
绿 地 率　35%
总 户 数　404
停 车 位　410

南区
用地面积　13.3hm²
建筑面积　7.2万m²
容 积 率　0.41
总 户 数　149
停 车 位　200

项目概况

项目位于唐山市丰南区新城区西南角，文化大街南侧，运河东路西侧，瑞宁街以北，津唐运河河堤以东。小区地理条件优越，交通便利。西侧有津唐运河景观绿地，距离行政办公中心步行5分钟的路程。其余三面为60m宽的城市绿化带所环绕。

梯级道路　叶脉组团

为确保独立住宅的便捷性与舒适性，在小区内部的主环路之上垂直交错设置次级路，形成指状末端式宅间路体系，构成叶脉状组团。在保证各户南向最大化的同时，使各住宅环绕道路伸向中心绿化带或水面，保证各户的景观最大化。

南区居住功能为23层独栋别墅，全区别墅分为四个档次。充分利用各种景观和环境要素，形成不同的居住类型，形成多层次的高档低密住宅产品线：

邻近运河水景、中部人工水景及城市宽阔绿带布置较大面积的C型独栋，保证最大的景观视野；南区地块东南角邻近东、南两面城市宽阔绿带布置最大面积的D型独栋，保证独立的生活品质；西侧紧邻运河仿古商业街部分布置面积最小

的A户型。在A、C户型间及地块中间部分布置户型较小的B户型。

北区地块设置主要以花园洋房为主，联排别墅间隔其中。

会所设置在瑞景街北侧中部的入口广场周边，滨临城市道路的交叉口，北临宽阔的城市绿带，利用绿带形成半围合的建筑形态，为小区提供教育、交流、聚会、健身、商业、服务等多种功能。

环行车道　层次分明

根据周边道路条件，在瑞景街中部设置主入口，方便来自城内的往来交通；在地块南侧侧靠近瑞宁街中部设置次入口。两个出入口分居用地两侧，布局均匀，有利于内外交通的组织。

用地内部的交通根据地块特征设环行主路，同时设置分级的组团路和宅间道路体系，在保证畅通的前提下使各户的交通干扰降到最小。小区内的空间形成了大街-小巷-胡同的丰富层次。

步行体系沿主要道路两侧设置，在交通流量不大的独立住宅区以人车交融为主；在各指状组团的之间的反向指状绿化中布置供人散步休憩的步行路，使步行交通与观景相结合。

河北　唐山悦湖丽景 103

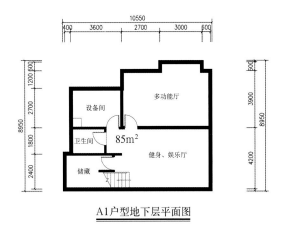

设备间

多功能厅

卫生间

储藏

健身、娱乐厅

85m²

A1户型地下层平面图

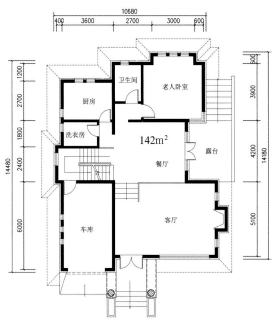

卫生间

厨房

老人卧室

洗衣房

露台

餐厅

车库

客厅

142m²

A1户型首层平面图

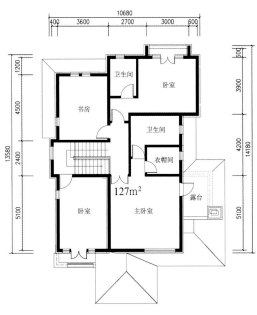

卫生间

卧室

书房

卫生间

衣帽间

露台

卧室

主卧室

127m²

A1户型二层平面图

A2户型地下层平面图

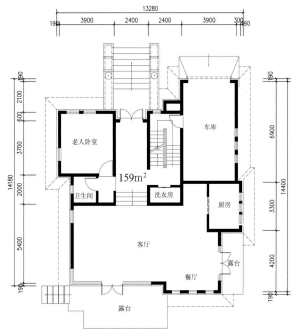

A2户型首层平面图

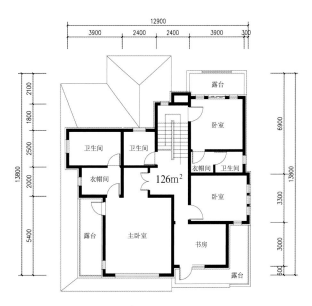

A2户型二层平面图

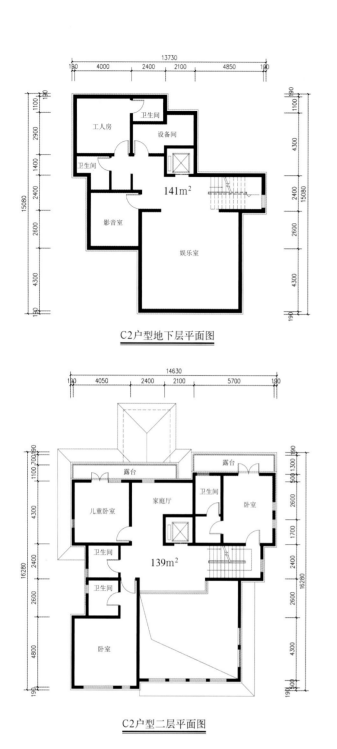

C2户型地下层平面图

工人房
卫生间
设备间
卫生间
影音室
娱乐室
141m²

C2户型二层平面图

露台
露台
儿童卧室
家庭厅
卫生间
卧室
卫生间
卫生间
卧室
139m²

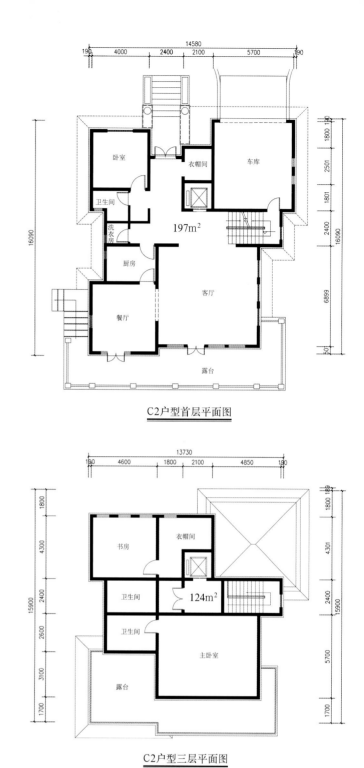

C2户型首层平面图

卧室
衣帽间
车库
卫生间
洗衣房
厨房
客厅
餐厅
露台
197m²

C2户型三层平面图

书房
衣帽间
卫生间
卫生间
主卧室
露台
124m²

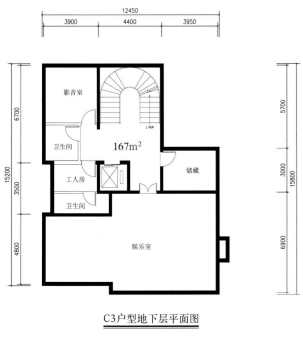

12450
3900 4400 3950

影音室

卫生间

167m²

工人房

卫生间

储藏

娱乐室

15200
6700
3500
4800

5700
3000
6900
15800

C3户型地下层平面图

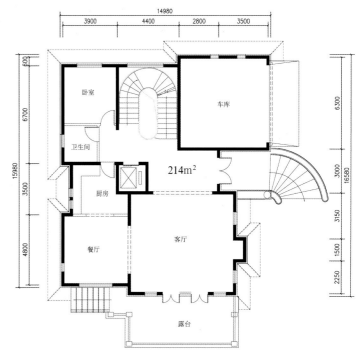

14980
3900 4400 2800 3500

卧室

车库

卫生间

厨房

214m²

餐厅

客厅

露台

15980
6700
3500
4800

6300
3000
3150
1500
2250
16580

C3户型首层平面图

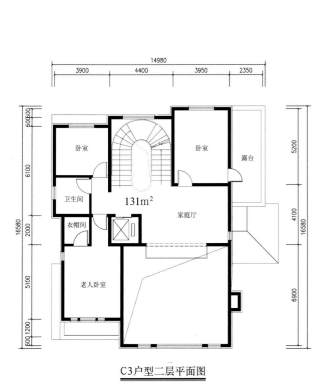

14980
3900 4400 3950 2350

卧室

卧室

露台

卫生间

131m²

家庭厅

衣帽间

老人卧室

16580
6100
2000
5100

5200
4100
6900
16580

C3户型二层平面图

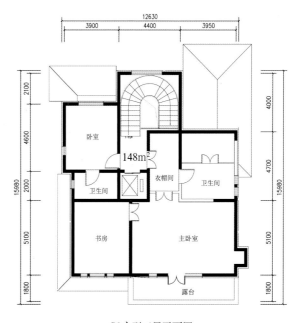

12630
3900 4400 3950

卧室

卫生间

148m²

衣帽间

卫生间

书房

主卧室

露台

15980
2100
4600
2000
5100
1800

4000
4700
5100
1800
15980

C3户型三层平面图

水景花园　悠然宁静

　　沿小区中央设置由北向南的景观水系，小区内交通环路将小区分为内外两大部分；内部别墅沿着景观水系成组团分布，河畔绿带与入口、运动、散步功能的结合，突出其在日常生活动线中的作用；外部别墅沿着城市绿化带分布，使各户最大限度地享受绿化景观。

　　在居住组团间的绿化区设置公共休闲区，供居民休闲娱乐之用。沿小区的主要道路两侧密植树木，并将车行与步行有机结合，形成环绕小区的林荫道；在两个主要入口设计了集中绿地，为居民提供宜人的绿色体验。

A户型院落方案

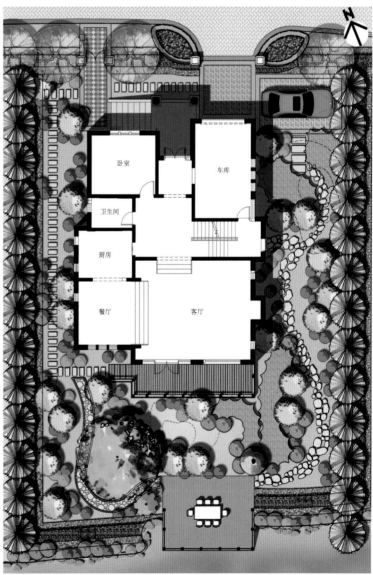

B户型院落方案

黑龙江　哈尔滨宏润·翠湖天地

楼盘档案

开发商　哈尔滨巨鹰房地产有限公司
设计单位　哈尔滨工业大学建筑设计研究院
设计师　楼春雨、张毅、彭颖、连洁、
　　　　张琳、申禄

经济技术指标

用地面积　37.2hm²
建筑面积　58.3万m²
容积率　　1.57
停车位　　3600

项目概况

项目位于哈尔滨市群力大道、齿轮路、群力第五大道的合围处，属群力核心地块。通过友谊西路、康安路延长线5分钟可直达道里爱建、中央大街商圈；通过齿轮路可便捷的抵达哈西客站商圈；通过阳明滩大桥、松花江大桥，十分钟即可链接松北政务区。

布局合理　尺度适宜

充分利用基地的自然条件，在满足容积率的同时争取创造更好的居住空间，将水系自然环境充分地融入建筑群中；同时将低层住宅绿色的生活方式带进高层公寓中。

高层建筑间距超大，空间开阔大气、视野良好，大部分住户都能看到中心的水系景观。高层之间的开阔地带营造集中绿化。高层、多层和别墅的空间关系层次丰富，条理清晰。

分布上采用高层和别墅分离的形式，大体上以中央水景为界，将大部分高层住宅分布于北部的几个地块中，而别墅和多层的大部分则分布于南侧的几个地块中，通过水系和市政道路的分隔，形成若干个相对独立的体系。

相对独立　人车分流

每个地块形成相对独立的交通系统，满足了不同档次小区内不同的交通需求，也不会互相干扰，且每个地区都与周边的市政交通系统相连接。小区采用人车分流系统，机动车在进入小区之初就进入地下车库，通过车库可以直接进入住宅。地面通过步行交通进行人流疏散。

融入自然　相互贯通

在景观规划中整个地区的绿化分为三个系统：大型集中式绿化——公园式的景观环境；私家庭院式绿化——精致典雅的景观环境；沿河绿化——滨水优美的景观环境。

典雅大气　简约现代

建筑底部通过细部处理，营造出具有丰富人文情怀的古典感受。建筑的形体随着高度的提升采用收分、退台的手法，使得建筑形体优美、稳重。同时建筑顶部采用具有一定坡度的坡屋顶，与周围自然景观相和谐，天际线生动活泼。建筑的整体色彩采用淡暖色调，营造出典雅气质。

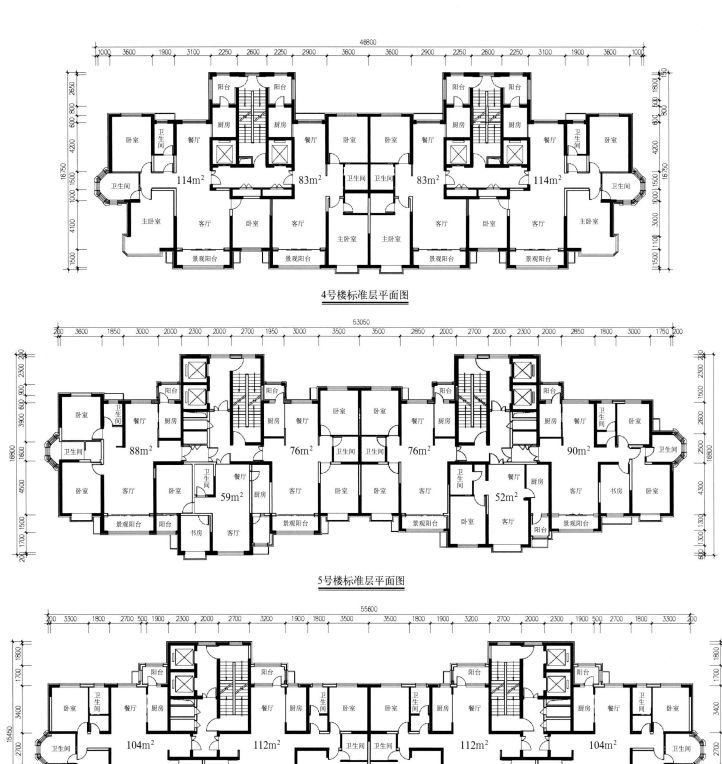

4号楼标准层平面图

5号楼标准层平面图

8号楼标准层平面图

9号楼标准层平面图

湖北　武汉豹澥中学

楼盘档案

开 发 商　武汉光谷建设投资公司
设计单位　上海现代建筑设计(集团)有限公司
　　　　　规划建筑设计研究院建筑设计所
设 计 师　李东君、姚海容、张悦

经济技术指标

用地面积	5.3 hm²
建筑面积	3.1万 m²
容 积 率	0.58
绿 地 率	35%
总 班 数	36
停 车 位	36

项目概况

项目位于武汉豹澥社区A地块以西，主要毗邻三条城市道路。北侧为豹澥小学，南侧和西侧为待开发用地。作为豹澥社区的重要配套设施，豹澥中学起着为社区内居民提供教育服务功能。

合理布局　融入自然

项目主要建筑物包括：两栋普通教学楼、一栋综合实验楼、一栋行政办公楼、一栋宿舍楼以及食堂和体育馆。主入口设置在东侧规划道路，主体学校建筑群沿该路展开。基本空间序列由南到北为行政办公区——教学区——后勤服务区，主入口位于行政办公与教学两区之间，并形成仪式性入口广场。

相互联系　安全快捷

地块内部道路沿东、南、北三个界面展开，满足4m消防车道要求，并在运动场地与建筑群体之间完成连通。3号楼与4号楼之间的绿化内设隐形消防车道，以满足两栋楼的消防防火需求。

校区内不设地下车库，机动车停车位主要集中在1号楼南侧、6号楼北侧，共36个车位，并设置专门为后勤车辆及校车服务的大型停车位。非机动车停车位主要设置于校区内道路的两侧，并专门设置非机动车车库。人行交通主要通过贯穿南、北的步行交通主轴解决，并延伸到各个功能空间。

特色空间　注重交互

位于1号楼2号楼之间的礼仪广场是豹澥中学的门户，在为全校师生提供仪式性集会场所的同时，也为城市提供充分的开敞空间。广场铺装与总体规划风格及建筑特色有机呼应。教学楼区域围合出两块集中绿化，中间点缀几片硬质铺地区域成为学生群的课间休息和学习交流的空间。运动场地主要包含基地西侧的400m环形跑道区以及西北角的篮球场和排球场。运动场东侧看台区域与绿化草坡、二层步行通道以及其覆盖的非机动车库融合成为一个整体。

新 兴 路

辅助入口
豹澥小学入口

货运车辆
回车场地
机动车停车位(16)
门卫值班
非机动车停车带

-0.450
厨房入口
宿舍主入口
-0.450

3F
体育馆
主入口
宿舍辅助入口
5F
⑤ 学生宿舍
21.100
宿舍辅助入口

⑥ 体育馆
20.600
食堂入口
校车位
校车位

规

篮球场
排球场
体育馆辅助入口
食堂
8.700
食堂入口
配电间 1F
5.100
非机动车
停车带
划

2F
-0.450
实验楼
23.400
实验楼辅助入口

食堂入口
实验楼主入口
1F 5.100

豹澥启动区
A地块入口

-0.450

跳远沙坑
回车场地
消防车道
非机动车
停车带
道

4F
19.600
③ 教学楼
教学楼辅助入口

足球场
1F
看台
5.100 -0.450
1F

非机动车库
4.200
非机动车库
4.200
非机动车
停车带

4F
19.600
② 教学楼
教学楼辅助入口

田赛区
看台
教学楼主入口
1F
多功能展厅
多功能展厅入口
5.100

4.200

-0.450
入口广场
非机动车主入口

-0.450
5.100
图书馆入口
2F

门卫
值班

报告厅入口
看台
4.500
1F
图书馆
5.100
行政办公主入口
1F

① 报告厅
15.000
非机动车库

行政办公
4.500

新 兴 路

-0.450
书库入口/行政办公辅助入口
机动车停车位(20)
非机动车停车带

N

高 新 五 路

湖北 武汉豹澥中学 121

内外结合　花园理念

　　沿基地边界设置带形绿化，达到校园的相对私密。在教学楼之间打造集中绿化即学习园地，营造亲切的氛围。结合教学楼局部架空所形成的灰空间，集中绿化得以渗透进建筑空间内部。

　　借助草坡和屋顶绿化形式，创造多层次的交流活动空间。通过院落的方式来限定空间边界，同时也使校园获得更多积极可用的空间。结合阳台、花坛、墙面甚至门窗等建筑构件尽可能多地增加可被接近的绿化植被，使每个楼层都能直接感受绿化。

单体设计

1号楼包含图书馆、报告厅以及行政办公。一层包括图书馆以及行政办公区域。图书馆包含学生阅览室、教室阅览室、书库及其他的一些辅助用房，阅览室主要朝向入口广场以及内部小庭院。行政办公采用围合院落的形态。二层的主要功能是报告厅。设计规模为600人，采用阶梯式。可供一个年级师生会议或授课。主席台按照舞台的要求设计，因此报告厅还可作小型剧场用，也为周边社区提供一个理想的文化活动场所。1号楼以一个建筑围合小院落的形态呈现。

2号楼和3号楼为教学楼。二至四层为普通教学区，设置有36间普通教室以及配套的教师办公室。2号楼底层包含一个多功能展厅以及美术教室。其他部分架空。3号楼底层全部架空，使绿化能够穿透。两栋楼的端部为主要的垂直交通空间以及厕所，将人员活动对教学造成的影响降到最小。两楼之间一层连通部分主要设置非机动车停车库。2号楼和3号楼的整体形态宛若两个展示体置于一个绿色展示平台之上。二至四层的普通教学区采取开敞外廊式的基本形态，因此可以形成较为丰富的立面层次，产生出来的灰空间得以将绿化景观引入建筑内部。

4号楼为实验楼共五层，设置20个专业教室，每两个专业教室合用一个准备室。底层的外走道适当扩大，结合门厅形成一个展示兼互动的空间，满足学生科技活动的需求。

5号楼为学生宿舍，可供600人以上就寝。平面采用中走道的形态，设计中考虑了4人间和6人间两种不同标准单元的可能性，4人间独立盥洗及卫生间，6人间则每层集中设置盥洗及卫生间。每层集中设置浴室。

6号楼包含食堂及风雨操场。一层二层为食堂，可满足1500人同时就餐的需求。一层西侧，设置可同时服务于食堂及操场的厕所，西北端设置锅炉房。三层主要为体育馆，容纳篮球场以及其他一些体育运动相关空间。在有需要时，也可作为演出活动场所使用。西侧部分布置体育教室办公、体育器材储藏、厕所更衣室等辅助功能。

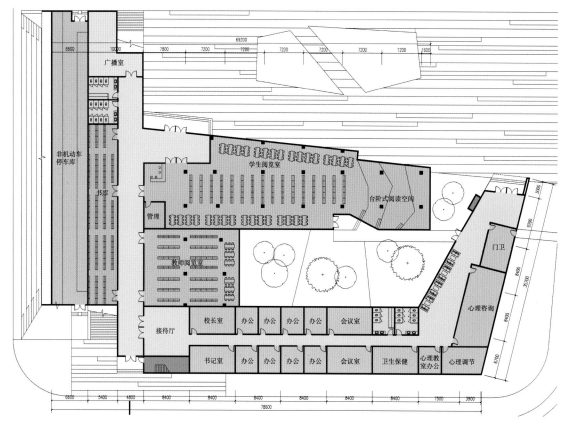

1号楼一层平面图

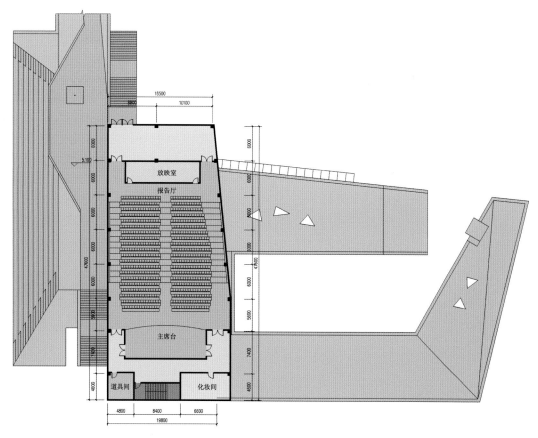

1号楼二层平面图

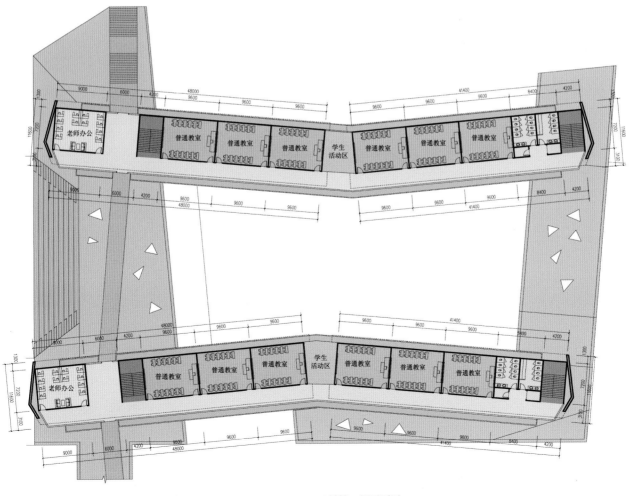

2、3号楼一层平面图

2、3号楼二层平面图

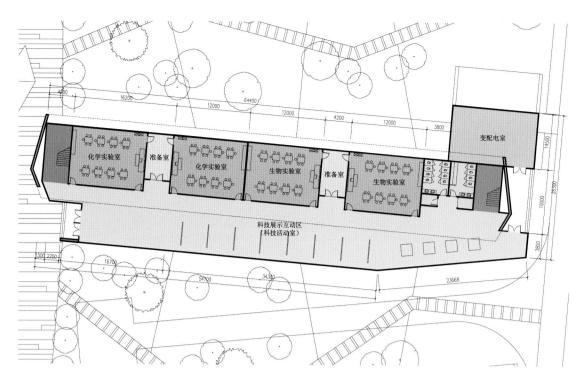

4号楼一层平面图

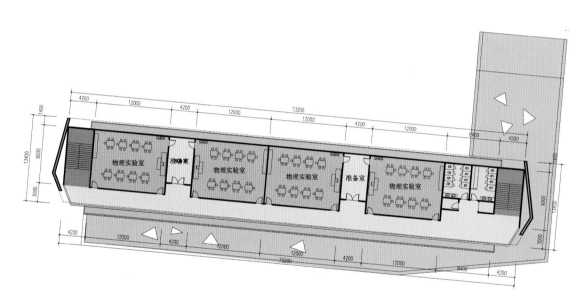

4号楼二层平面图

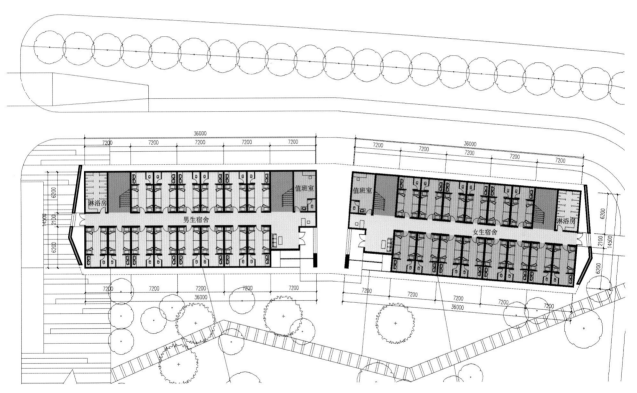

5号楼一层平面图

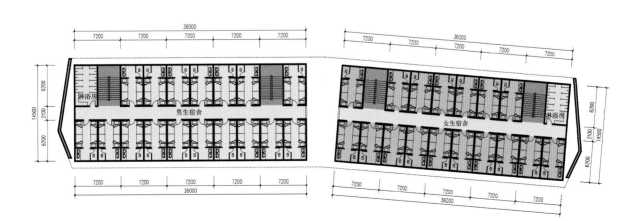

5号楼二层平面图

湖南　长沙华润·凤凰城二期

楼盘档案

开 发 商　华润置地（湖南）有限公司
设计单位　深圳市华域普风设计有限公司
设 计 师　梅坚、王琦、魏涛

经济技术指标

用 地 面 积　12.9hm²
建 筑 面 积　39.8万m²
容 积 率　3.07
绿 地 率　43%
总 户 数　3824
停 车 位　2692

项目概况

项目位于长沙城市次中心——星马新城的核心位置，长沙经济技术开发区星沙大道与开元路交汇处，地块呈长方形。北临望仙路，南临行政支路，西临武塘路，东临金华路。项目交通位置优越，距五一广场、芙蓉广场等城市中心区车程约30分钟；基地一公里半径内汇集多个大型综合商业场所，周边配套设施十分完善。

布局工整　功能完善

项目由20栋高层住宅与商业、幼儿园等配套设施组成，规划布局采用高层低密度的策略，社区庭院空间疏朗，布局规整对称，同时兼顾空间的围合。住宅系统采光通风条件优越，天际线挺拔而有气势，公建配备完整。

建筑形式采用点式、双拼板式组合。板楼长短不一，注重转折变化，建筑采用错落、点式、偏转等不同组合方式来争取日照，避免终年阴影区的发生。阳台尺度阔绰大方，通过阳光的引入与景观对主要功能房间的渗透，使得各建筑的景观朝向与日照条件大幅提高。

因地制宜　融入自然

社区景观主题主要以东西向的人行主轴与南北向绿化支轴形成完整的系统。自南向北形成三级台地，层层跌落，既顺应了基地竖向走势，减少了填挖方量，增加了总体景观层次，也为社区环境增加了趣味。南北向景观次轴随着台地蜿蜒立体地渗透至各个居住组团，真正做到了景观资源的共享，其间点缀以水景和景观节点，使得整个社区环境绿意环绕，灵动活泼。

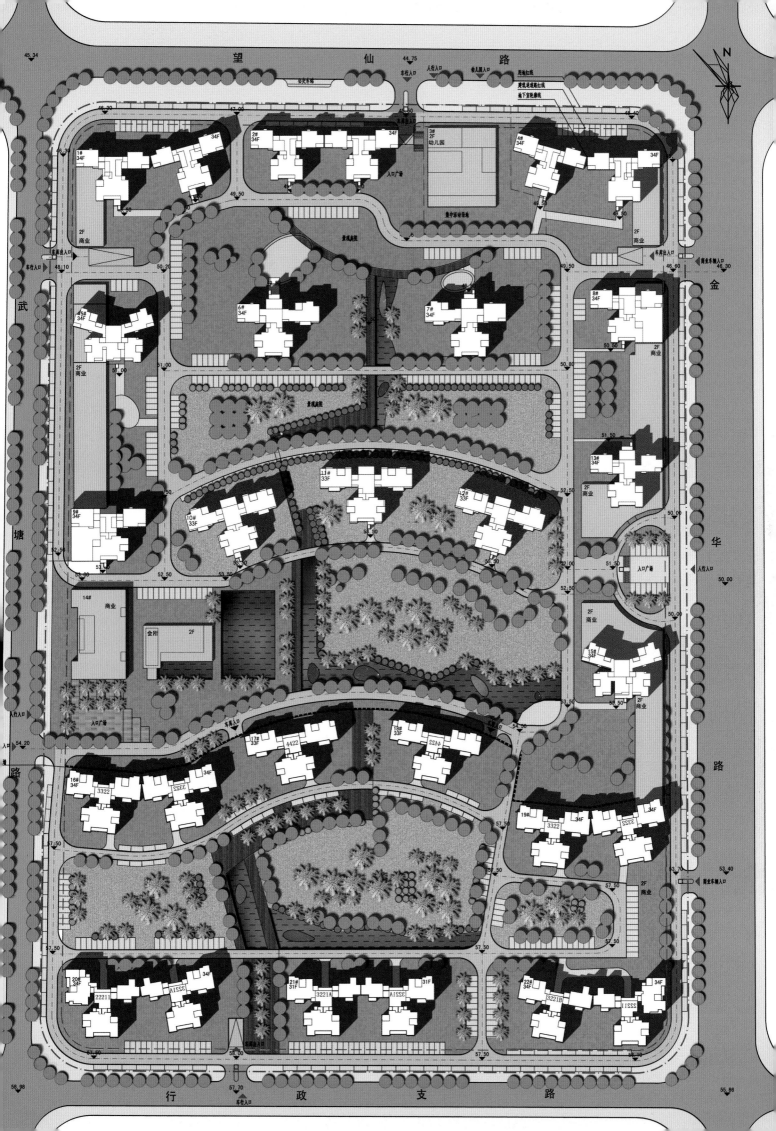

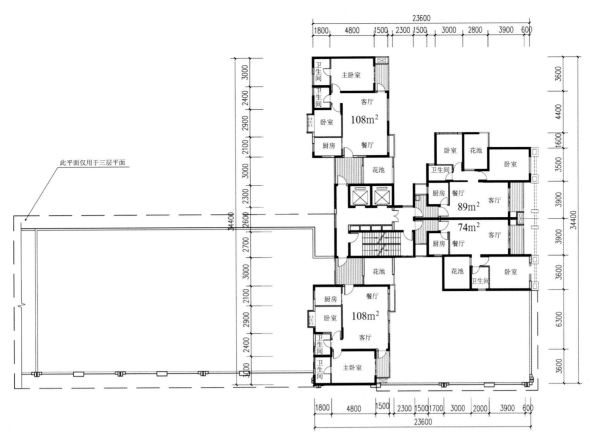

此平面仅用于三层平面

108m²

89m²

74m²

108m²

9号楼标准层平面图

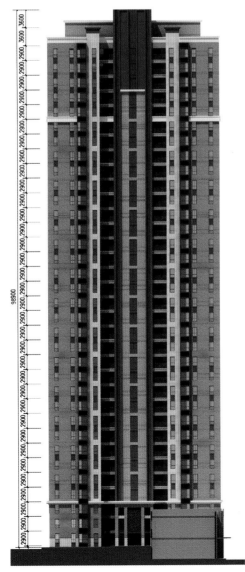

9号楼北立面

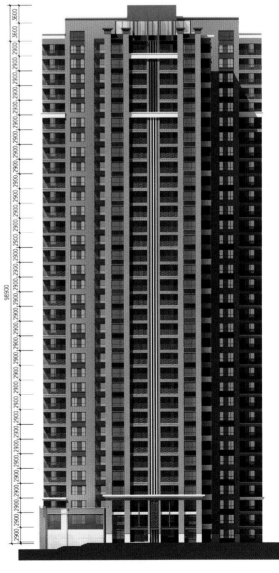

9号楼南立面

古典庄重　注重细部

　　建筑立面采用Art Deco风格，延续古典主义端庄稳重的特征，同时结合简约的现代元素，强调几何线条、对称构图及细部做法的考究，整体效果挺拔向上、典雅而富有气势。外墙采用高品质的混拼面砖，彰显建筑形象；节能环保上采用内保温、双层中空玻璃，极大地保证了房屋的节能性与舒适性。

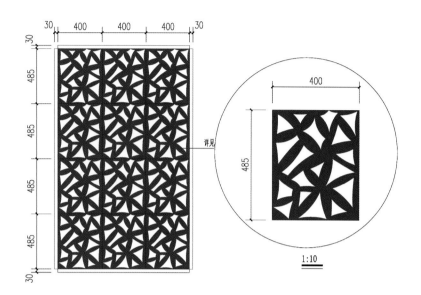

江苏　江阴市夕阳红西侧地块

楼盘档案

开 发 商　江阴市长江房地产开发有限公司
设计单位　上海高亚建筑设计事务所
设 计 师　苏一飞、许红、王雅菲

经济技术指标

用地面积	4.4hm²
建筑面积	15.6万m²
容积率	2.2
绿地率	50%
总户数	392
停车位	1027

项目概况

项目位于江阴市五星路南侧、普惠路东侧、五星公园西侧，东临五星公园。项目地处江阴市西组团中心区域，地理位置优越，交通便利。

花园式居住空间

一环——以简洁、流畅的一条外部环状道路组织小区交通，内部均为大型集中绿地避免车流对住户的干扰。环状道路，基本方便进出，解决小区内部的交通问题。并将车库入口设计在小区出入口位置，车辆可直接下地下车库，形成动静、内外、人车的合理分区与分流，保障了组团内部的安全性，增强归属感。

一心——在小区内部创造一个大型的集中景观绿化空间，形成小区核心立体绿化，通过建筑的合理布局，使朝向、视野、日照、通风、景观都趋于最佳，实现住区景观资源的共享。

二轴——通过贯穿地块南北的中轴线，东西的主轴线，结合中心景观。结构清晰，空间简洁明快，通过绿化把高层住宅与多层花园洋房合理组织，让整个居住区的建筑布局融为一体。

周边环绕式布局

采用"主干道+宅间路"的二级结构模式。在规划路北侧设置小区车行主要出入口，同时在普惠路设置次要出入口。小区环状交通构架基本解决了小区人车分流的问题，主干道的设置满足交通的流线要求和停车要求。穿过入口的空间主轴，中心带设置的大型中心景观为纯步行区域，集人们活动的休憩性、舒适性、游玩行、文化性于一体，成为该小区最具特色的生态景观中心。

协调统一　相互贯通

依循建筑设计的ART DECO风格，整体上从平面和空间方面入手，突出精致的景观空间，将绿化、水体及景观小品有机结合，同时利用虚实空间变化提升景观品质，达到公共空间与私密空间的界定，在各个场地的处理上，通过具有ART DECO风格的装饰性几何图案、明亮的色彩对比、现代感强烈的装饰性小品，使整体景观意境及风格塑造的和谐统一。

将五星路两百多米的滨河景观绿化隔离带和普惠路商业区景观作为小区外围景观资源，利用中轴景观带串联主入口和次入口，并连接各个组团空间，产生景观渗透效果。

夜间灯光布置围绕在主要标志物、构筑物、大树集中地、游憩地、廊道等处，设色激光灯、泛光灯加以渲染，将白天的意境向夜晚延伸，特别是风景带上彩光密布，尤若仙境。

主要道路串联各大景区，起坡景点由次要道路和步行游憩系统串通，形成山林、坡地、小溪的立体化的景观系统。主入口进入，宽敞小区广场、连接叠水花园。沿林荫道前行、参差屋舍，小溪处处碧水汪汪，斜阳叠翠。路上景观序列见山有水、有屋有林、有幽有敞，具有节奏和变化，真正作到了步移景异的效果。

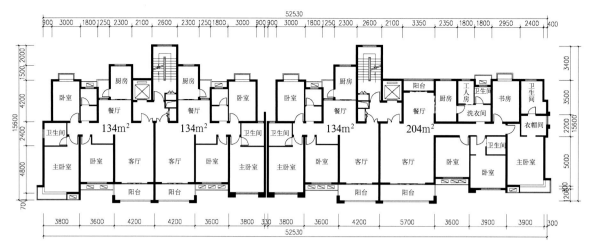

11号楼标准层平面图

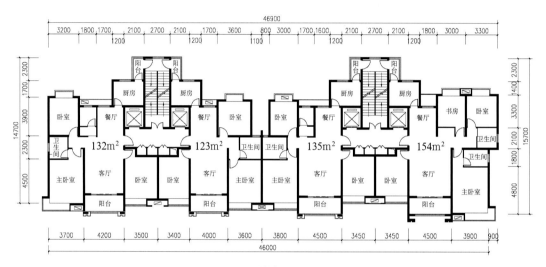

12、13、14号楼标准层平面图

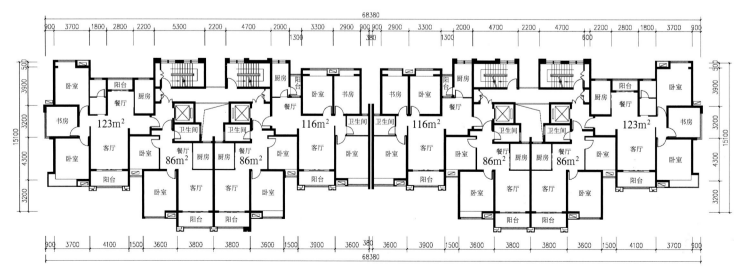

15号楼标准层平面图

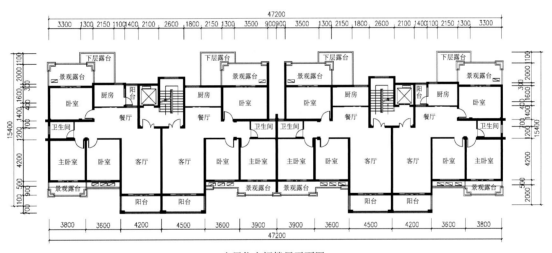

多层住宅阁楼层平面图

多层住宅立面图

融入建筑　移步易景

主入口广场的门卫风格借鉴西方新古典主义手法，立面追求比例的严谨和细节的精准，沉稳优雅。景观上采用静谧，低矮的的水景，与列阵式的植物背景有机结合，营造出大气，高贵的入口空间，更为建筑增添了尊贵的气息。

中央景观作为整个园区中面积最大的中心景观空间，力求营造出一个近似公园，轻松自在的休闲景观空间。曲线婉婷的园路亲切宜人，设置自由生态的微地形及自然水景，与ART DECO风格的景观长廊及塔楼遥相呼应。这里既有老年人的健身广场，也有儿童的娱乐空间，既有私密性较强的交谈场所，也有开放性的集会区域。

竖向的景观轴从次入口广场进入，整个广场以精致细腻的硬景为主，色彩丰富的广场铺装，LOGO景墙彰显出大气与尊贵，流动的跌水穿插在层次丰富的植物中，轴线上利用点景、对景、止景等视觉轴线变化，让人感受到皇家园林景观的气派和精美。

宅间景观在设计手法上采用了法式园林设计元素，通过品种丰富、疏密有致的植物穿插栽种，独具匠心的特色景墙及ART DECO风格的亭子、雕塑小品的排布点缀，材质各异的铺地形式变化衔接，有机、生态、自然、和谐地将其融入到周边大环境中。

会所中心景观区的整个场地布局是和主轴相连，与次轴线垂直相交，空间上是下沉式景观场地，利用高差的优势设计一个水景瀑布，水景良好的比例和适宜尺度，使之在不断的跌落中形成仰望的空间感和丰富的层次感，再融合ART DECO风格的门廊、雕塑，花池以及别具风格的座椅，让走在这静谧的空间的人们，能够听到水声就在耳边流潺的感觉，让人身心轻松。

植物配置遵循适地适树的原则，并充分考虑与建筑风格相吻合，小区外围滨河绿化具有阻隔外人、消除废气、降低噪音，营造区内景色的多重作用。整体上设计有疏有密，有高有低，力求在色彩上变化和空间组织上都取得良好的效果。

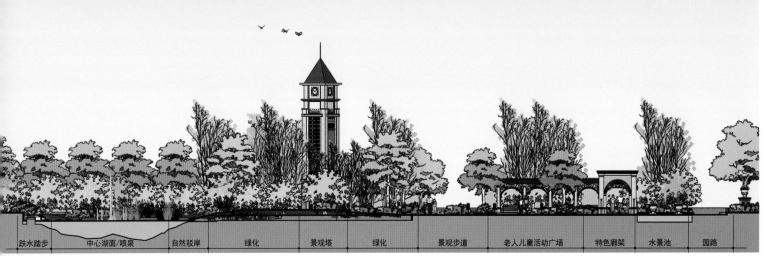

| 跌水踏步 | 中心湖面/喷泉 | 自然驳岸 | 绿化 | 景观塔 | 绿化 | 景观步道 | 老人儿童活动广场 | 特色廊架 | 水景池 | 园路 |

江西　赣州市民中心

楼盘档案

设计单位　上海英创建筑景观规划设计有限公司
设 计 师　胡海涛、王宝伟、刘阳河

经济技术指标

G7 市民中心

用地面积	7.5hm²
建筑面积	7.0万m²
容 积 率	0.93
绿 地 率	36%
停 车 位	566

G12 五星级酒店

用地面积	2.55hm²
建筑面积	12.5万m²
容 积 率	4.89
绿 地 率	37%
停 车 位	820

G20 商务中心

用地面积	2.31hm²
建筑面积	9.7万m²
容 积 率	4.2
绿 地 率	35%
停 车 位	950

项目概况

项目位于赣州市章江新区G7地块。城市中央公园东北侧，南靠三百山路，西接油山路，东临桃江路，北枕登峰大道。

X型布局　中轴对称

项目兼具两会功能、展览功能、群众演艺功能、康乐休闲功能。

四个不同功能大小椭圆向心形成"X"型布局，以金脊为轴中轴东西对称。东西各自大小椭圆内侧组合成共享空间，外侧用封闭曲线围合成单体建筑，一个巨型三维曲线型天幕横跨中轴，覆盖两个单体建筑。

以一核两翼为主题的十字形规划结构，引入圆的传统文化建筑原型与及极具现代感的双翼造型。一核为主席团会议室悬空而设，在空间上延续城市地理文脉的发展及城市绿色走廊的延续。两翼为宴会厅、展览中心、大剧院、特色会议厅、音乐厅分设两侧，具有腾空而上的气势。

剧院、音乐厅设于轴线东侧，轴线西侧分别设置宴会厅、展览馆及特色会议厅，两侧建筑通过悬于15m处的主席团会议室相连。在其下形成通透的公共空间。在地块南北两侧建筑群体沿X轴线向外延伸，在南北两端围合成两个开敞的广场空间。在市民中心东西两侧的地块，规划酒店、娱乐等设施。

优化布局　三环一线

以现有车行道为基础，结合市民中心的功能设施布局，优化车行道布局结构。地块内部采用主入口限制车流，次入口人车分流的交通系统。东西南北各设置一出入口，南北两入口以人流为主，设于中轴线上，北与琴江路对景，两侧人流以人行道连接；南面入口与城市中央公园隔登峰大道相望，两侧人流采用地下通道连接的形式，以减少人流对地面交通的干扰。地块进出车流分设于地块东西两侧，均衡分布于油山路与桃江路，部分人流分布于此，减少对登峰大道交通流的干扰，使地块内部交通与城市交通得到良好的衔接，保证两侧道路车流的连续性。

地块车行道系统呈三环连线布局形式。三环是指G7环形车行道、G12环形车行道和G20环形车行道；一线是指G712与G20的主入口分别对应市民中心东西两侧次入口，四个入口与三环行车道连接。车道的功能主要满足消防需求。

地块两侧次入口建设生态机动车停车场。采用混凝土预制块嵌草铺装，通过设置分车带种植高大遮荫树木，形成环境优美、遮荫效果好的生态停车场。G12、G20停车场分别靠近各自的主入口设置。建筑四侧靠近道路边分别设置4个人流集散广场，配以景观使其成为人们户外休闲、漫步的优选场所。

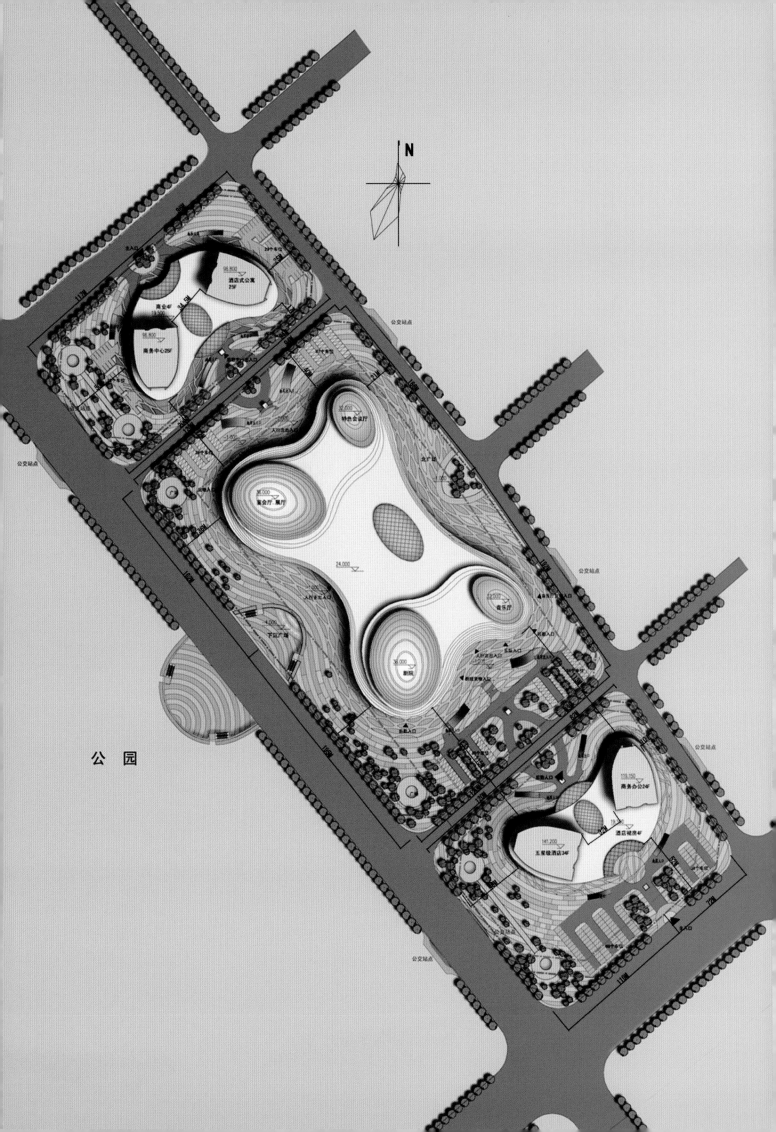

两环五核　融入自然

两环分为内外两环，内环为硬质景观环，外环为绿化景观环。两环串联各节点及其它景观，使各部分相互依傍形成风格上的统一。

五核分别为建筑四侧的四个入口广场及两对角线广场，环形铺装连通四个入口广场，南广场呈下沉式与城市中央公园相连，起着交通节点的作用。北广场正对琴江路，设置视野相对开阔，为城市节点，起对景效果，起到了丰富城市景观的作用。

采用规则式和自然式结合，对称的广场布局及局部开阔场地采用规则树形、灌木种植带、地被植物等；而大面积绿地和部分休憩空间采用自然式手法，营造一种城市丛林的生态景观效果。

多层次、线形绿化，充分满足人们在空间上对绿色的需求，在低层、中层、高层采用立体化植物配置直线、流线型的植物种植，在空间上产生纵深感以及通过图案特征强化视觉感受。

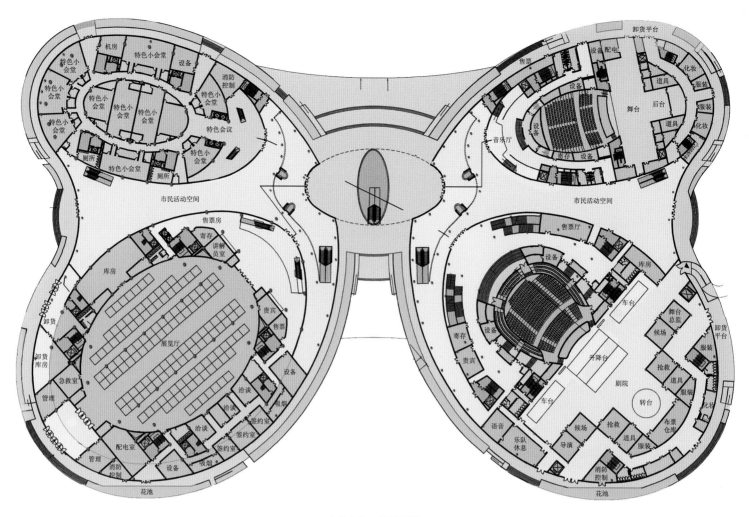

市民中心一层平面图

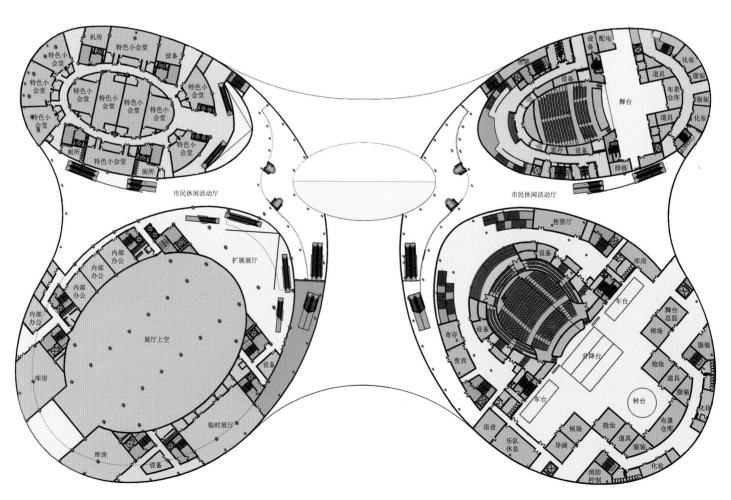

市民中心二层平面图

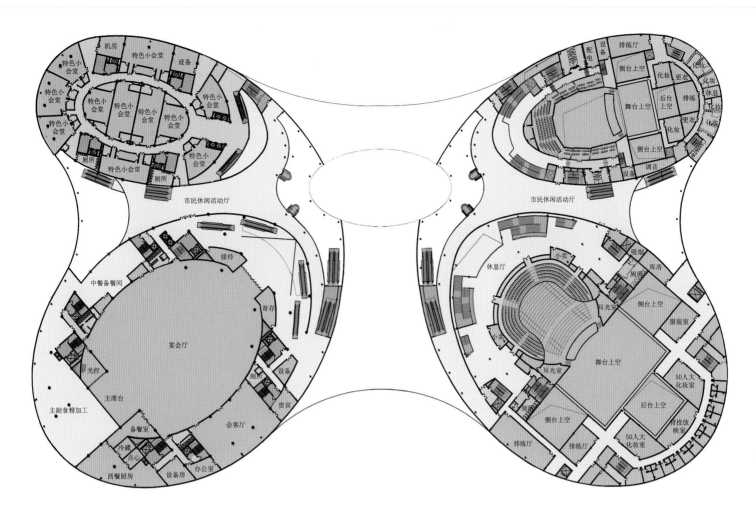

市民中心三层平面图

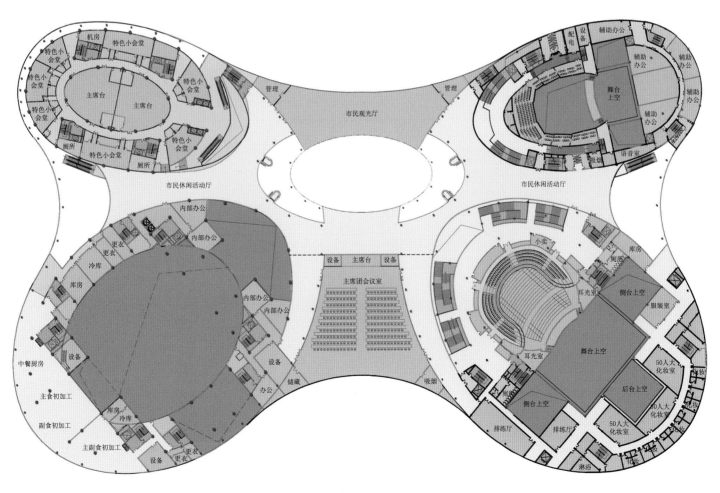

市民中心四层平面图

辽宁　大连天实安德·金澜山

楼盘档案

开发商　　大连道丰房地产开发有限公司
设计单位　上海原构设计咨询有限公司
设计师　　何小健、劳沍荻、郑斌

经济技术指标

用地面积　49.2hm²
建筑面积　25万m²
容积率　　0.5
绿地率　　58%

项目概况

项目毗邻大连经济开发区和大窑湾保税区，距大连市中心与辽东半岛交通主脉沈大高速公路30km，距大连经济技术开发区18km，距大连市中心与国际机场58km，连接大连经济技术开发区与金石滩旅游度假区的五号高速公路。基地位于金石滩国家旅游度假区东部，定位于一流滨海山地生态度假区，以度假别墅以及附属配套用房为主。

弧形道路　舒适私密

区内整个交通道路系统有纵、横和环线构成路网骨架。路网包含小区主干道、小区支路和组团内道路三个结构层次。几乎所有的车行道路都设计为弧形，增加趣味性和人情味的同时，可以有较高的降低机动车的车速，从而避免了交通安全隐患；组团内行车路采用尽端路方式，减少组团内交通流量和噪音干扰。

过渡空间　顺应地势

整个区域地势北高南低，在原有地势的基础上，将规划中的度假区以两条"S"形主路将地块分隔成3个梯段和6个大小不一的组团区域。北区为纯独栋区域，区内设置了多种别墅类型，其中在地势相对高的山坡上有三栋面积在1000m²以上的顶级高端别墅。其他别墅类型面积约在320~650m²之间，并随着山坡的趋势递减。在景观相对较好的地方布置了面积约在650m²的独栋别墅。联排别墅区位于基地西南侧，并按照南低北高的建筑形态，与整个场地相呼应。

依山就势　生机无限

景观随两条"S"形主路被分为3块台地：北面山顶景观，以山脊线和山顶平地为主。中部坡地景观，以坡地绿化为主；南部主人口区景观，以广场院落为主。

项目依山而建，与周边的山体连成一片。一入大门即为一条笔直的林荫大道，两旁植以数十株名贵大树。沿围墙内侧则栽种上百株高大杨树，各栋楼前道路旁更遍植枫树，令宅院掩隐林间，与自然景观浑然一体，植物与建筑相生相谐，互为景观。

景观分析图

绿化分析图

交通分析图

因地制宜 立体分割

独栋别墅：结合地形布置不同的住宅，将独栋别墅布置于山顶。利用原来山顶的开阔地势，依山而建，将数栋别墅布置成组团。做到户户有露台，家家有景观。同时，绿化、山体等原始地形也可增加独立别墅的趣味性和个性。设计有利用原有的山脊线，在高昂的坡地和临水的岸线布置高端的独立式别墅，充分体现了地段价值和环境优势。

联排别墅：在平缓地段布置人口相对密集的联排别墅，形成居住区的主体爬坡形态，巧妙的解决了景观朝向和日照朝向不统一的问题。内部交通便捷，同时有兼备划分不同类型建筑边界的功能，道路两侧建筑类型及风格变化中有统一，成为区内规划的一个亮点。

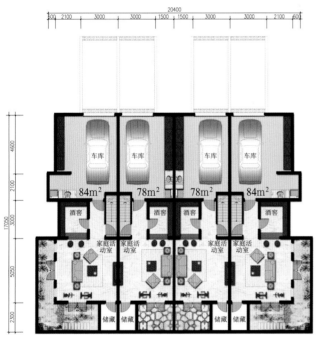

联排别墅C3户型地下一层平面图

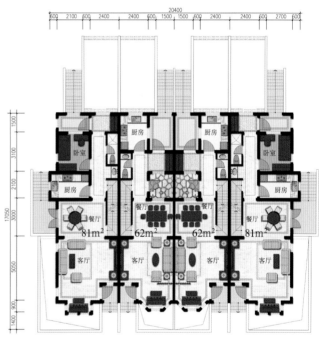

联排别墅C3户型一层平面图

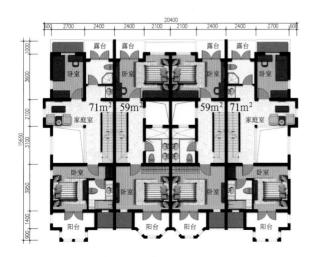

联排别墅C3户型二层平面图

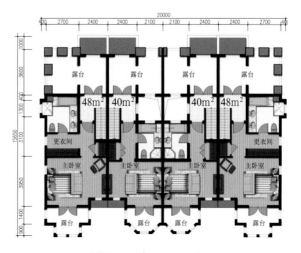

联排别墅C3户型三层平面图

独栋别墅A2户型地下一层平面图

独栋别墅A2户型一层平面图

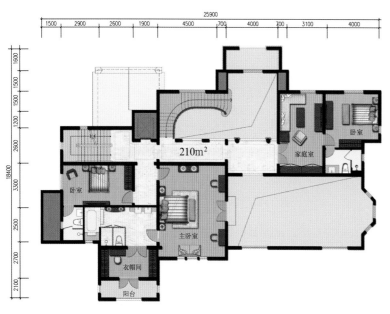

独栋别墅A2户型二层平面图

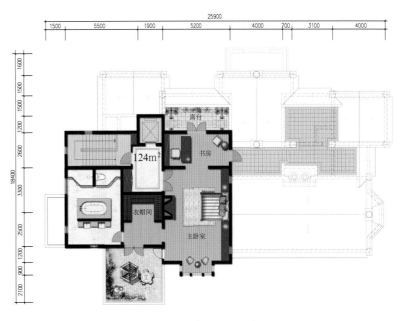

独栋别墅A2户型三层平面图

124m²

露台

书房

衣帽间

主卧室

独栋别墅A2户型南立面图

独栋别墅A2户型北立面图

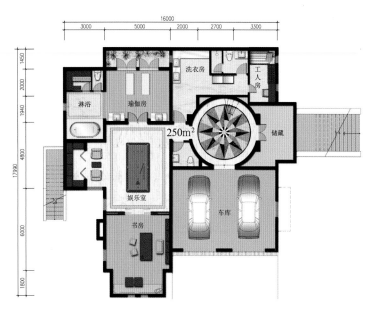

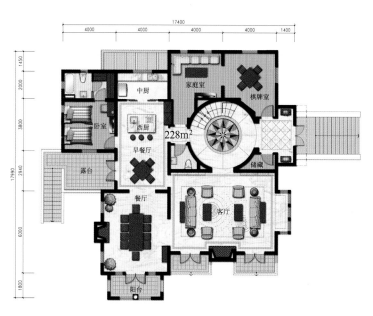

独栋别墅A3户型地下一层平面图

独栋别墅A3户型一层平面图

独栋别墅A3户型二层平面图

独栋别墅A5户型地下一层平面图

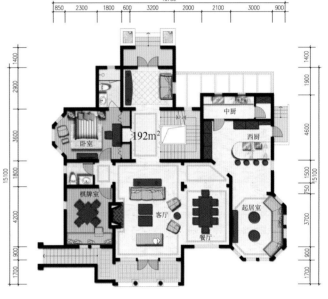

独栋别墅A5户型一层平面图

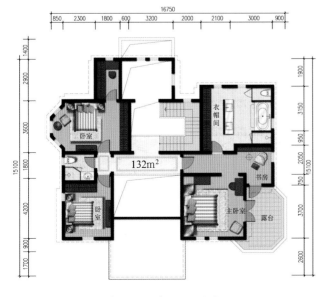

独栋别墅A5户型二层平面图

独栋别墅A5户型南立面图

山东　烟台港西港村庄搬迁安置小区

楼盘档案

开 发 商	烟台海港房地产开发有限公司
设计单位	青岛易境工程咨询有限公司
设 计 师	方正、林翠、孙澍

经济技术指标

用地面积	43.5hm²
建筑面积	67.2万m²
容 积 率	1.55
绿 地 率	45.2%
总 户 数	7096
停 车 位	5500

项目概况

项目位于烟台经济开发区大季家镇，规划地块交通便利，周边有荣乌高速、206国道、绕城高速。地块北临成都大街，南依拉萨大街，东靠太原路，西侧是规划的大季家路。基地地势东西高、中间低，一条水系在地势最低处由南向北穿过基地。

两轴、一心、一环、七组团

两轴即公共生活轴和绿化休闲轴。规划保留了原控规中的"L"形道路，打造成社区核心路。把主要的公共设施沿该路布置，使其成为社区居民公共生活的主要区域。把现有河道加以改造，形成社区的绿化休闲轴线。

一心即社区中心。两条轴线交点处的社区中心，包含文化活动中心、社区服务大厅、中心广场等最重要的公共设施，是整个社区的核心。

一环即外围的环状道路绿化带社区外围形成25～55m环状绿化带，以及沿太原路的220m防护绿带是社区的外围生态防护带。

七组团即结合现状水系、道路，将整个居住区划分出来。每个组团均由外围道路或景观绿化围合形成，内部围合形成组团中心绿化，每个组团都有独立的出入口，有完善的配套，是一个完整的社区。

环行车道　安全舒适

大社区实行人车混行的交通模式，组团内实行人车分流的交通模式。车辆主要通过外围环路通行，由地下车库出入口直接进入地下车库。

中央景观大道是进出社区的主要通道，突出其交通功能的同时与景观相结合。一条贯穿社区的林荫大道组是社区交通的骨架，是社区的生活性主干道。外围环路串联组织起七个组团。地下车库出入口尽量设置在外围环路上，引导车辆由外围环路通行。

一心、两带、一环、多中心

景观设计主要依托河道和林荫大道来展开。中心广场是整个绿化景观体系的中心，河道和林荫大道是两条主要的绿化景观带，外围的道路绿化带形成社区的外围生态防护，组团景观主要供各组团内部居民享用。

动静分区　内外有别

户型设计以较大面积的起居室为中心组织家庭活动，并保证起居室拥有良好朝向和视觉景观。起居室在户内位置适当，可有效减少穿越，保证空间使用功能的独立性和私密性。房型平面的布置根据居民的生活习惯及气候特点，将起居室和主卧室布置在南侧，冬季最大限度地利用太阳能，夏季便于组织穿堂风，降低室内温度。

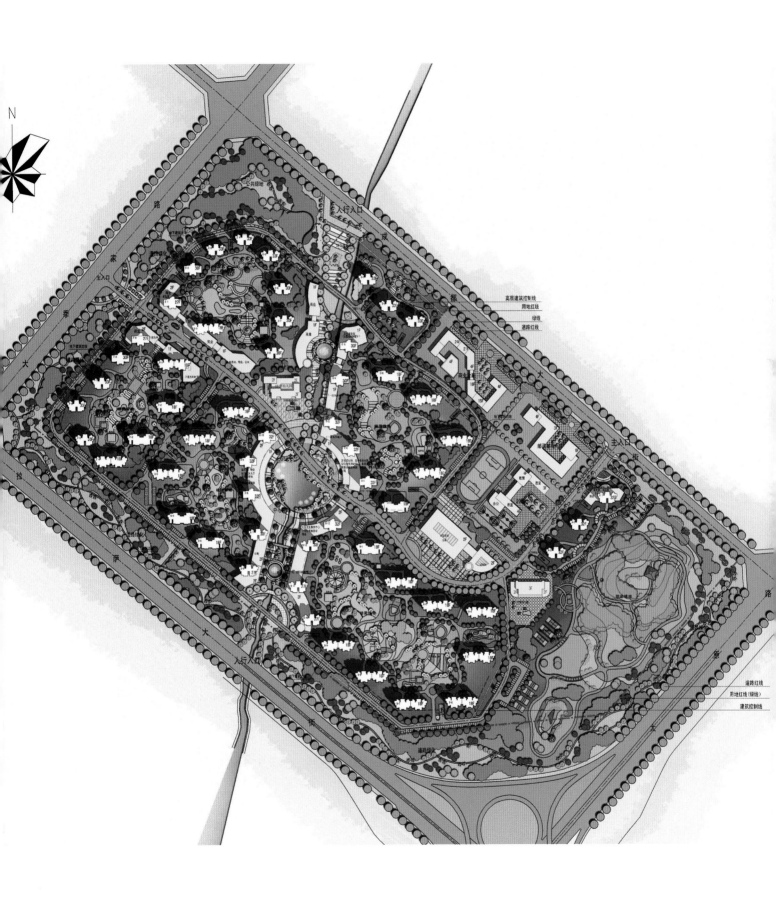

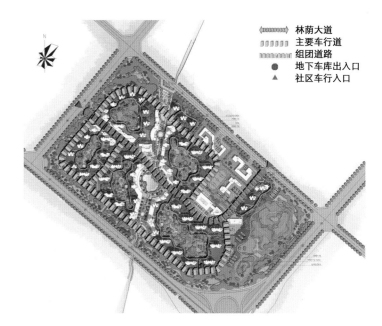

林荫大道
主要车行道
组团道路
地下车库出入口
社区车行入口

交通分析图

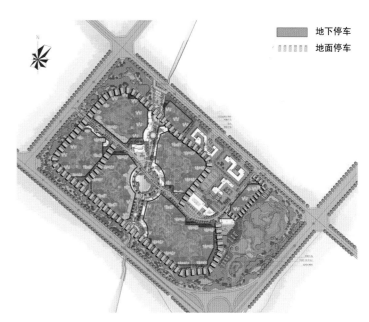

地下停车
地面停车

停车分析图

林荫大道
社区中心
组团中心
滨水休闲带
生态防护绿环

防护绿带

景观分析图

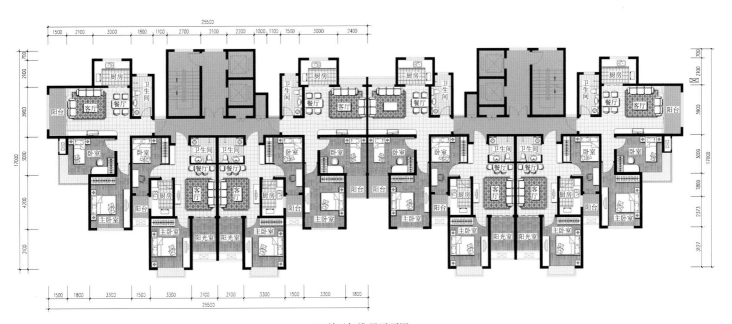

B5单元标准层平面图

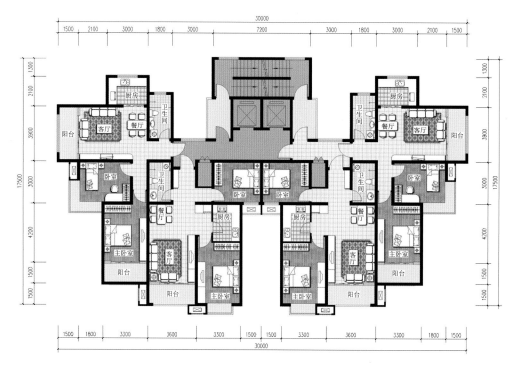

B1单元标准层平面图

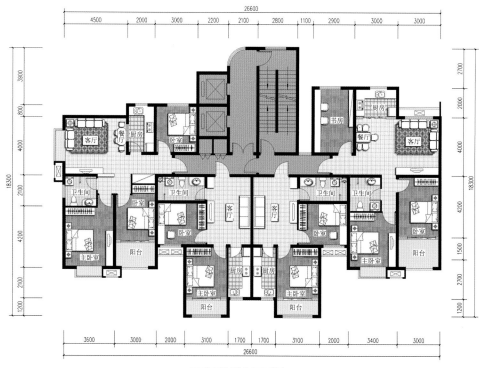

B7单元标准层平面图

山西　高平蓝色港湾

楼盘档案

开 发 商　山西高平恒隆房地产开发有限公司
设计单位　中国建筑设计研究院陈一峰工作室
设 计 师　白雪梅、莫全章、何平

经济技术指标

用地面积　3.9hm²
建筑面积　22.6万m²
容 积 率　4.2
绿 地 率　41%
总 户 数　1365
停 车 位　1603

项目概况

项目位于高平市中心，神农路东侧，河东路西侧，育红街北侧，北侧规划路南侧，且整个用地被中部的规划路分为左右两块用地。基地位于高平市中心，周边配套设施完善，起居生活方便快捷，医疗资源、教育资源成熟，是人文条件良好的宜居社区。

错落有致　舒适空间

1号、2号地块作为两块完全独立的，又相互影响的住宅地块，设计时整体考虑了高度、建筑形态对周边环境的影响。1号地块整体设计为不超过28层的多层、小高层和高层住宅，2号地块为小高层和高层住宅。沿育红街为11层和24层普通住宅和配套商业。沿北侧规划路为6层到32层普通住宅和配套商业。考虑住宅轮廓线的变化，

突出高低错落和变化节奏，无论从沿路，还是从周边区域去看，建筑空间尺度均比较适宜。在沿城市干道的立面节奏处理上，采取了建筑南低北高有节奏和韵律变化，结合沿路的景观带，形成极具景观性的城市道路沿线空间形象。

人车分流　安全舒适

小区采用人车分流的道路系统，从入口处即开始人车分流，小区内部为纯步行系统，同时区内设置可行驶消防车的绿化道路。1号、2号地块均有两个出入口，主入口设置在两地块间的规划道路上，在两地块的北侧各设置一个次要入口并兼顾消防车专用的出入口。入口尽可能两两相对，有利于车流的出入组织和入口形象的营造。小区采用全部地下停车的方式，优化区内的居住环境。

合理布局　层次丰富

　　方案强调绿化中心景观的作用，同时强调住宅环境的均好性强调每户周边的绿化环境。小区的绿化系统由中心花园绿地——步行休闲场所——组团绿地形成的三级环境绿化体系所组成。中心绿化带串联起整个地块，做到点线面相结合，并注重自然生态与人工生态相结合。同时利用屋顶、阳台、露台、墙身做立体绿化，尽量保持原有基地的生态平衡。中心绿地以草坪为底衬，将绿篱和主题性树种点缀其中，辅以竹类及藤木，亭台楼阁、下沉广场、喷泉浅溪体育场地等，与主景观轴相融合，形成景观上拥有丰富层次，季节上具有色彩变化，静态和动态相结合，生动活泼的的宜人景观。结合植物种植，增加空间进深感。行道树勾勒出优美的道路曲线，采用果树、花树和植物装饰重点区域和通道，在不同的季节中为景观增添色彩。充分运用山、树、石、同、路、林、小品等造园要素，营造自然丰富的花园景观。

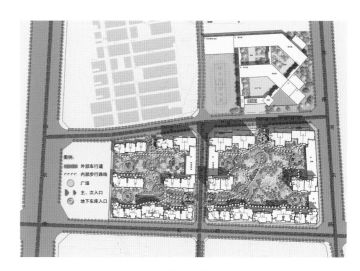

交通分析图

景观分析图

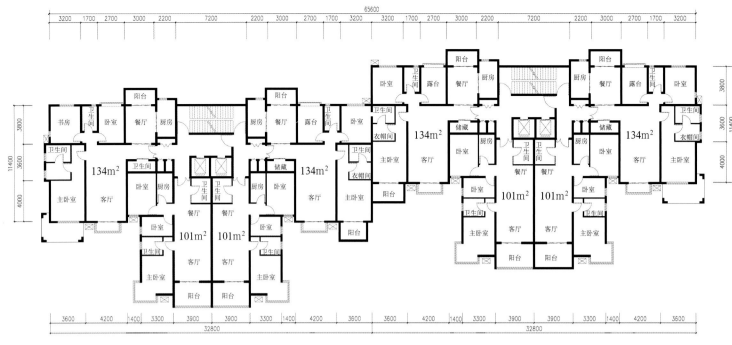

A单元标准层平面图

简约现代　色彩柔和

　　立面设计建议采用简洁而严谨的现代建筑语言。以整体的手法将通常细碎的住宅立面塑造成具有高档公寓和公共建筑性格的沉稳大气体量，浅黄色面砖配以深灰石材，材质的统一及细节，体现建筑的整体内涵，建筑下部深灰色石材的有机穿插，使建筑在严谨中又富有现代感，在为城市塑造丰富街景的同时，也赋予了沿街立面较好的尺度关系，使建筑群既整齐挺拔，又显得亲切近人。自由非对称的构图手法使建筑的沿街立面获得了灵活新颖的形象，也使得街道的天际线错落有致，形成鲜明的城市形象，简练的现代建筑语言逻辑关系明确，形象具有极强的时代感并且醒目，突出而具有鲜明的标志性。

　　采用沉稳大气的风格和颜色，在面砖高雅质感的浅黄色系主基调的基础上，局部穿插深灰色，形成丰富的凹凸关系。

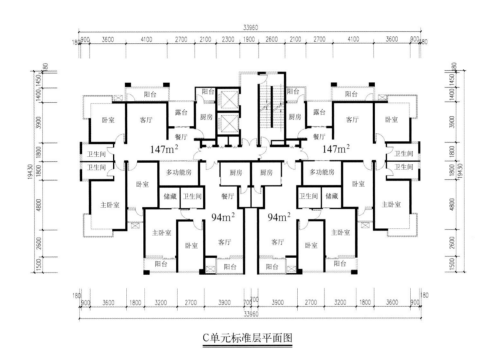

B单元标准层平面图

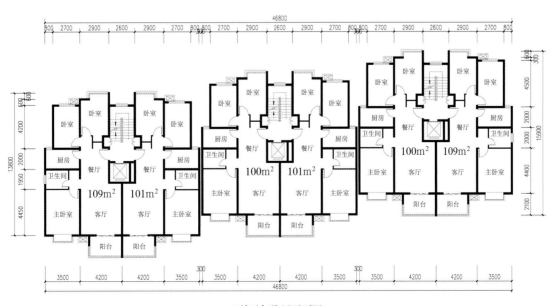

C单元标准层平面图

E单元标准层平面图

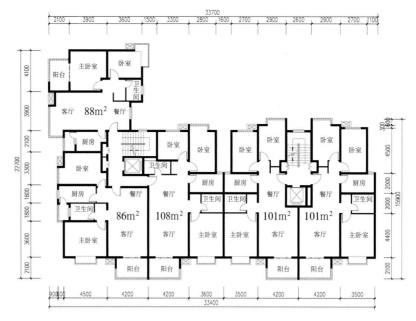

F—E单元标准层平面图

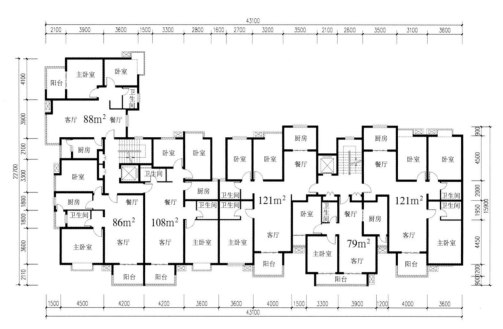

F—G单元标准层平面图

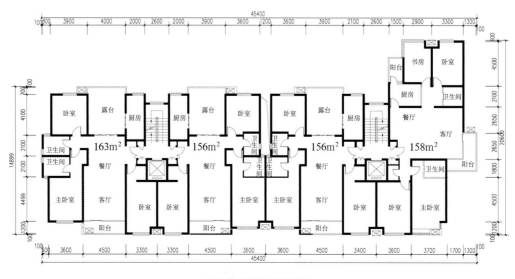

J—H单元标准层平面图

陕西　西安鸿基·紫韵

楼盘档案

开 发 商　西安深鸿基房地产开发有限公司
设计单位　深圳市博万建筑设计事务所
设 计 师　陈新军、吴健、张迥

经济技术指标

用地面积　10.2hm²
建筑面积　18.4万m²
容 积 率　1.8
绿 地 率　40%

项目概况

　　项目位于西安城南的曲江文化旅游开发新区。地块东侧是正在铺设的上林苑路、金地南湖项目以及正在兴建的曲江池公园。南侧临雁南五路，隔路相对的是曲江翠竹园。西临芙蓉西路，对面是安居房。北侧是雁南四路及建设中的南湖一号。地块总体布局为长方形，棱角分明、格局清晰。

布局工整　尺度适宜

　　整体布局南低北高，东低西高。以水面环绕中心Townhouse区，使之成为项目的中心景观区，在东侧叠加区则由线状绿化与点状绿化有节奏布置，道路工整、空间抑扬开合，西侧点阵高层绿化则更是环绕循环。东南片区拥有宜人的街道尺度，亲切动人的生活场氛围以及丰富的庭院绿化、水景绿化、露台等绿化系统，而西北侧的高层区则拥有开阔的景观。社区及东向南湖公园拥有丰富开畅的庭院绿化及沿河绿化带，高低片区各具优势又相得益彰。

便捷舒适　亲近自然

日常车行、人行出入口均衡布置于同地东、西、南三面。公共设施集中置于小区中心会所。北部是商业以及高层地下室。东侧为会所及Townhouse区出入口，也是小区的主要展示入口。南侧为高层区与Townhouse区共用出入口，并设有高层区地下车库出入口。西侧为高层区单独出入口，并设有高层区地下车库出入口。Townhouse区人车混行，车行道旁考虑了丰富的景观。而高层区则人车分流，高层均连接地下车库，地下车库充分考虑了自然通风及采光之外，还单独设计了具有自然通风采光的地下车库大堂。公区设施集中置于人流较多区域，可以大量减少日常生活中的车行出行，设置了舒适的人行步道，步行可方便到达任何一个社区配套设施。

立面丰富　经典高雅

立面设计使用各种现代材料，质朴的面砖以仿城墙砖节奏的方式铺贴开来；灰色的冰花蓝石材，映射出古老城墙的光泽；灰色玻璃相衬的是深棕灰色窗框，表达出与旧时代宫庭红色木框相仿的色彩来；灰白色的石材线条，深灰色屋面瓦，质朴平和，含蓄地表达了传统建筑构成的横向拓扑关系。

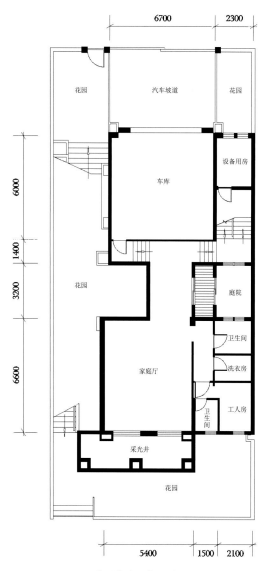

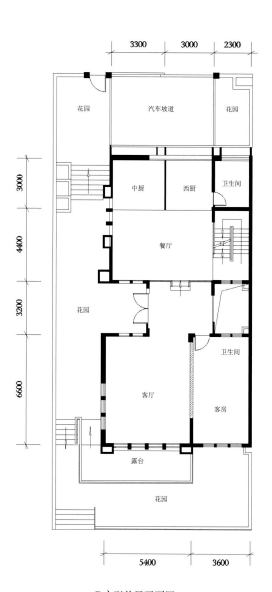

D户型半地下室平面图

D户型首层平面图

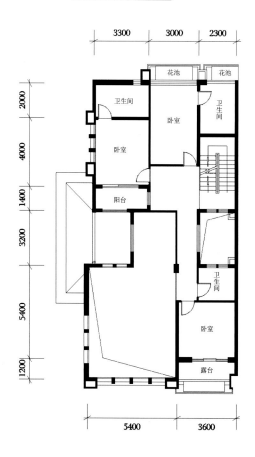

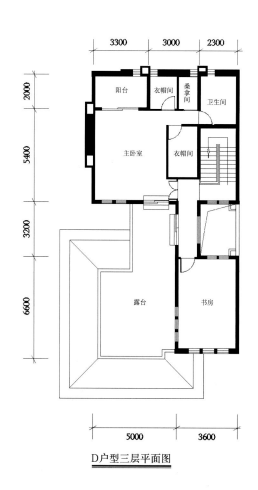

D户型二层平面图

D户型三层平面图

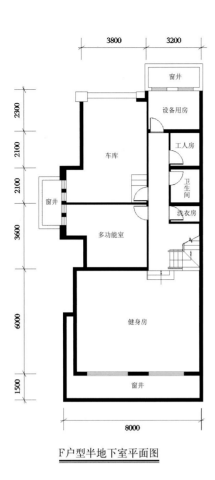

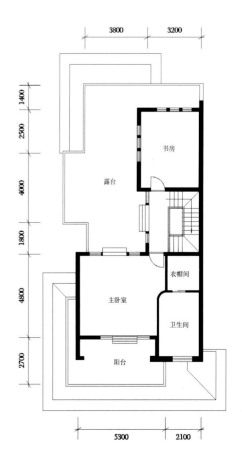

3800   3200

汽车坡道   入户花园

厨房

花园   卫生间

餐厅

客厅

后花园

F户型首层平面图

F户型半地下室平面图

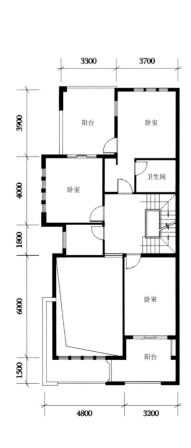

F户型二层平面图

F户型三层平面图

陕西　西安利君·未来城

楼盘档案

开 发 商　陕西开城实业有限公司
设计单位　中联西北工程设计研究院
设 计 师　唐振宇、曹谦、陈琰

经济技术指标

用地面积　30.7hm²
建筑面积　112万m²
容 积 率　3.64
绿 地 率　45.7%
总 户 数　9742
停 车 位　6219

项目概况

项目位于西安市北郊未央区，北辰大道与北三环交界处，项目距离张家堡新市府地址直线距离4.6km，距离西安市中心直线距离11.9km，属于城市近郊区。项目共分为五个地块，呈分散型分布。东临北辰路，南临红光路，西侧为待建空地，北临北三环。

因地制宜　布局合理

项目通过一条曲线的综合配套轴线将三地块串联起来，把三个各自分散的小区组合成了一综合的复合社区。

保留用地内的生态特征，结合微地形改造，形成住区内自然景观带及休闲空间。结合居住用地内部市政道路设计商业步行街。由主入口引入的景观带联系入口广场、高级泛会所、幼儿园、社区中心等住宅公共建筑部分，做到动静自然分区。居住空间相对安静，做到内部外部景观层次分明，提升社区住宅居住层级。高密度与低密度住宅组团均为独立的组合区域，内院与外部空间有直接联系。

闭合系统　划分明确

车行流线沿三大地块周边规划市政路一一排开，车行出入口位于各区域除要次要出入口区，做到人车分流，小区内保留机动车流线，满足消防、搬家、急救等生活所需。步行系统遵循"人车混行——人车分行——人车共行"的原则设计。整个系统在小区内部是闭合的，并联系各个组团的社区会所及公共休闲空间。

流畅明快　立体现代

　　建筑以带有西班牙托斯卡纳风情的现代风格为主，强调简洁流畅的线条及建筑的整体性，并突出现代的材料和现代的构造技术，同时注重建筑的整体空间关系。建筑细部比例合理，虚实对比变化明晰，经久耐看。

舒适空间　布局灵活

　　板式住宅：南北通透、明厨明卫、集中储藏、步入衣橱、南北阳台、动静分区、大厅大卧、窗窗有景。

　　塔式住宅：公寓布置中小户型，明厨明卫、动静分区、户型紧凑精巧。

　　花园洋房：全部一梯两户，都具备大面宽小进深、高使用率等特点，首层带庭院，顶层带露台。每户视野景观均深远开阔。

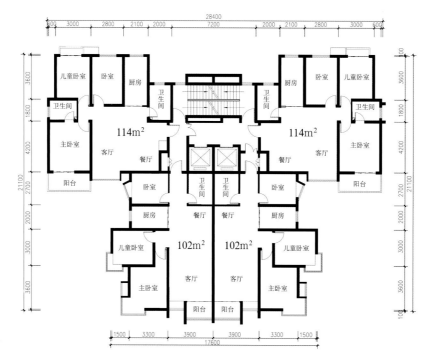

A5、B5户型标准层平面图

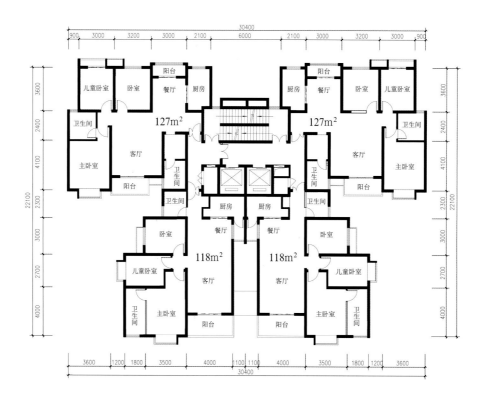

A6、B6户型标准层平面图

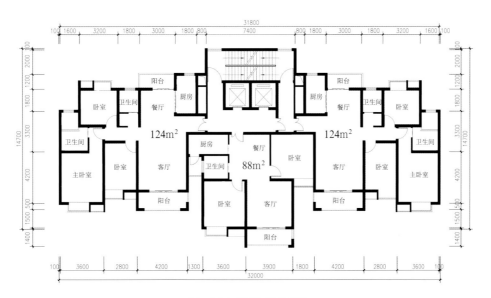

C1、D1户型标准层平面图

四川　绵阳仙海湖生态旅游度假区
长虹创新研发园

楼盘档案

开 发 商　　四川长虹电子集团有限公司
设计单位　　深圳市华域普风设计有限公司
设 计 师　　梅坚、罗琦、罗志

经济技术指标

用地面积　　20.9hm²
建筑面积　　9.1万m²
容 积 率　　0.45
绿 地 率　　45.9%
总 户 数　　274
停 车 位　　576

项目概况

项目位于绵阳东北部仙海旅游度假区内，距离绵阳市区15km。地块沿仙海湖展开，内部地形起伏，景观条件优越。

顺应地势　错落有致

项目定位为研发中心及科研居住建筑群。总体布局顺应地形地貌，各种类型的单体布置在不同形态的山脊及山坳上。在充分体现经济型原则合理平衡土方量的同时，形成一系列尺度合理、富有韵律的建筑组团。由南往北，建筑规划为由高至低，依山傍水的总体格局。建筑群体形成错落而有层次的天际轮廓。退台形态的建筑群落从视觉上使小区的尺度更加亲和，并呈现与山体的自然和谐。

南北走向的市政路将基地分为东西两块。项目一期规划在东地块及西地块的西部，约占用地面积的90%。西地块东端沿湖布置项目二期，具有服务的功能。商业区既可形成相对独立的空间系统，又有利于统一的物业管理。独栋式科研中心及科研居住建筑临水而筑，自身具有极其优越的视线景观。

环形车道　融入自然

进入东西两地块建筑区的主要出入口布置在南北走向的市政道路上。同时，在西地块的西南角及东地块的东南角布置了园区的次要入口。次要入口经沿等高线走向的规划路，绕过与地块相邻的山体公园与城市干道相接驳。

方案依山就势地在地块内布置环形机动车道，以解决各栋建筑物的可达性及消防要求。每栋单体均设计有2个以上机动车位，园区出入口处考虑布置临时访客车位。科研中心的主入口规划在南北走向市政道路的北端，在获取较好可达性的同时，让来访的宾客在沿途中领略仙海湖优美的湖光山色。商业区机动车位以地下停车为主；入口处布置部分地面停车位。

情景交融　户户有景

　　户型设计充分考虑室内空间与周边景观的相互关系。根据现场对原生态山体景观的实际体验，将部分高端户型沿南面山体公园布置，并针对周边景观特征设计南向观景型户型。每户均设计有南北入户庭院。结合北坡山地地形地貌，每户设计半地下室内活动空间及停车库。地下室与下层庭院相邻，为用户提供了贴近自然、层次丰富的活动场所。各户客厅及主卧室皆朝向地块周边的主要景观界面——仙海湖和山体公园。所有户型中的主卧室均设计为南北通透的套房形式。精心设计的主卧室在享受北面湖景的同时，也可获得优越的南向日照。

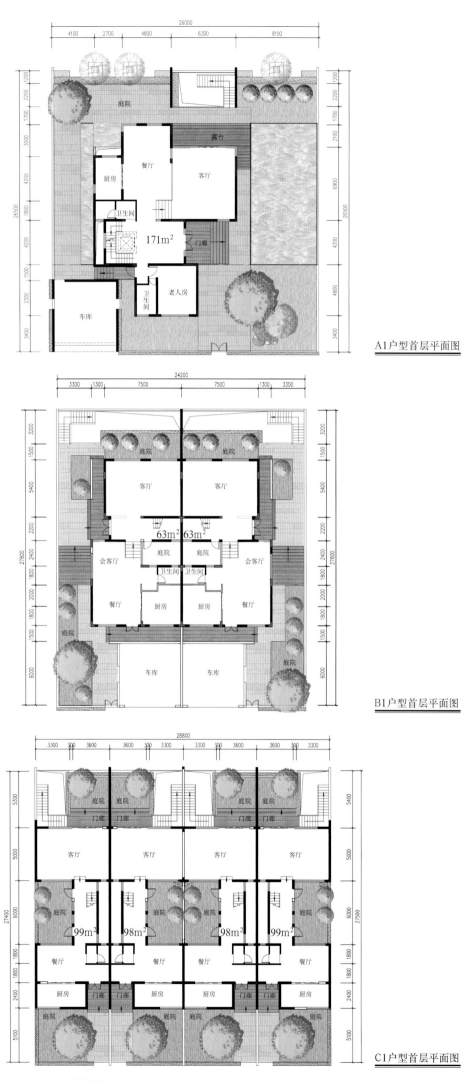

A1户型首层平面图

B1户型首层平面图

C1户型首层平面图

天津　大寺新家园F地块公共租赁住房

楼盘档案

开 发 商　天津市保障住房建设投资有限公司
设计单位　天津市城市规划设计研究院
设 计 师　董天杰、张胜强、侯勇军、田垠

经济技术指标

用地面积　12hm²
建筑面积　26万m²
容 积 率　2.16
绿 地 率　40%
停 车 位　1032

项目概况

项目位于天津市西青区大寺镇大寺新家园区域内，规划用地性质为居住用地。四至范围：梨双支线以西、次干路五以北、次干路三以东、次干路四以南。规划范围内地势平坦。

组团布局　错落有致

地块由规划支路三分割为南北两个住宅组团。建筑采用板式多层与独立式点式高层住宅组合的组团式布局方式，形成以邻里为特色的组团单元，通过宅间、组团和公共绿地对各组团单元进行连结。

沿次干路三和梨双支路布置高层住宅，建筑高度从东西两个方向向中部的卫津河逐渐降低。基地西侧为5栋24层高层住宅，沿河布置6层住宅，东侧布置四种高度住宅；基地卫津河以东沿支路十四布置小区内主要的配套公建。

环形外道　相互贯通

小区外侧设置环形机动车道包围整个小区，内部通过景观性道路连接各个住宅楼，配合应急消防车道和步行道路，满足居民出行和消防要求。配套公建位于地块中心区及主出入口附近的两侧，最大程度地扩大了其服务半径，使居民在享受着清新自然景观的同时，也能在步行范围内享受到社区生活的温馨，提升了整个小区的生活品质。

大气现代　色彩柔和

在立面造型上，强调新古典主义的设计手法，强调生活的品质感，外檐设计手法成熟，采用高档涂料，近人尺度结合仿石涂料，造型大气，色彩稳重。高层住宅强调体量的完整和震撼，突出竖向秩序，显示出建筑的品质和社区的形象。商业部分与住宅保持一致风格。

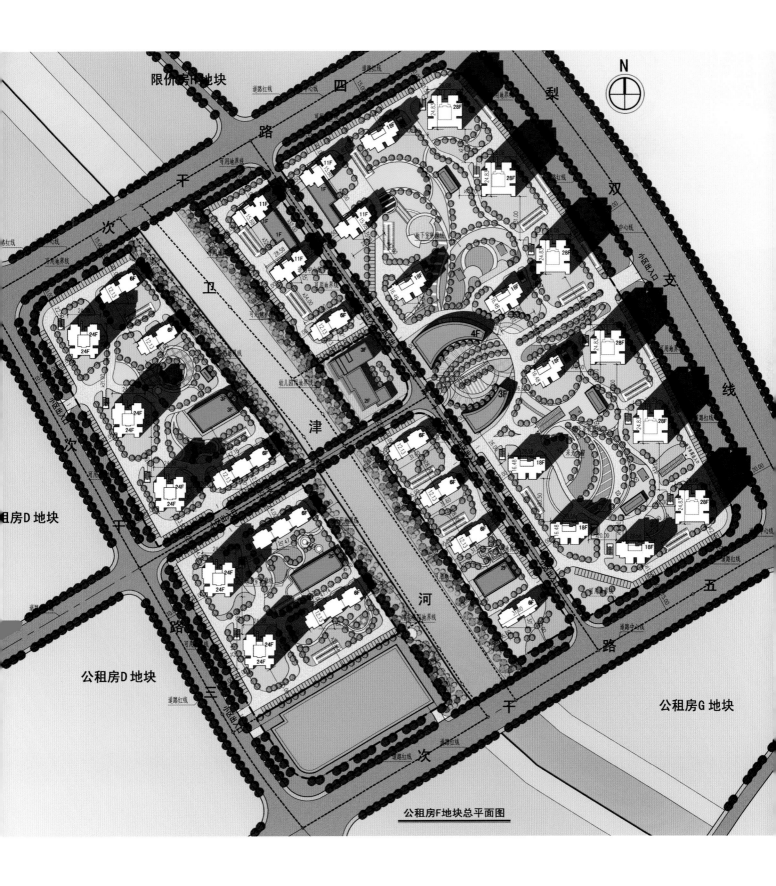

公租房F地块总平面图

立体空间　生机无限

　　小区绿化由城市道路绿化带、滨水景观带、中心绿化、渗透绿化构成。城市道路绿化带可有效屏蔽道路噪音及阻挡灰尘。中心绿化为竖向绿化，阳光普照，为植物生长提供了优良的环境。步行环境也为儿童、老人的娱乐休闲增加了安全感。由中心绿化向个住宅间渗透绿化，作为楼间花园，强调几何铺砌，环境尺度较小，给人温馨的气氛。总体布局采用点、线、面结合的方法，中心绿化和渗透绿化的设置，使整个小区形成一个绿意盎然、各具特色、情景交融的景观环境。

　　物种选择上以本地植物为主，以植物群落形态布局，注重物种的绿化和彩化的有机结合。使得无论夏季还是冬季，小区内部都保持悠悠绿意，生机盎然。在园区中各设计要点选择丰富植物品种，做到季季有景，景景宜人。层次丰富注意各层次绿化的搭配，上层利用大型乔木形成空间界定，运用中型乔灌木丰富空间层次，最后低矮灌木层加强围合效果，为建筑遮蔽和塑造形体提供了有利的景观条件，形成了垂直立体的社区绿化空间。充分发挥绿色植物的造氧功能、降噪功能、遮荫功能，达到人和植物与环境共生。

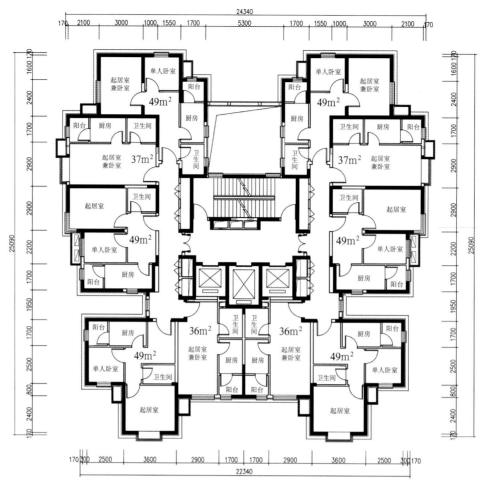

24层B户型标准层平面图

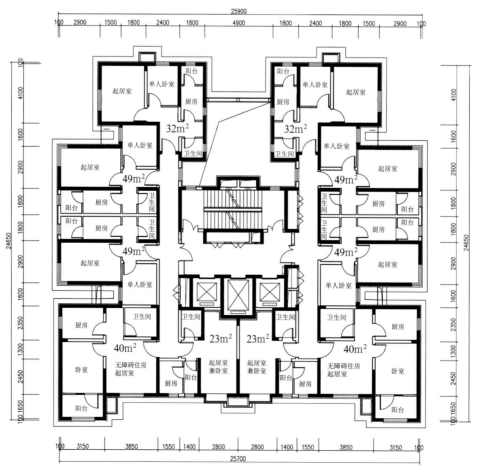

28层W户型标准层平面图

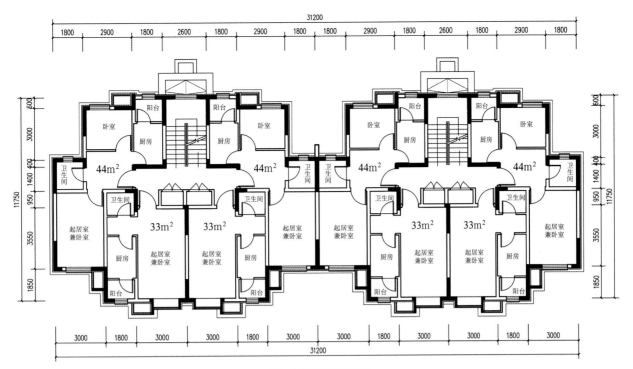

6层B户型标准层平面图

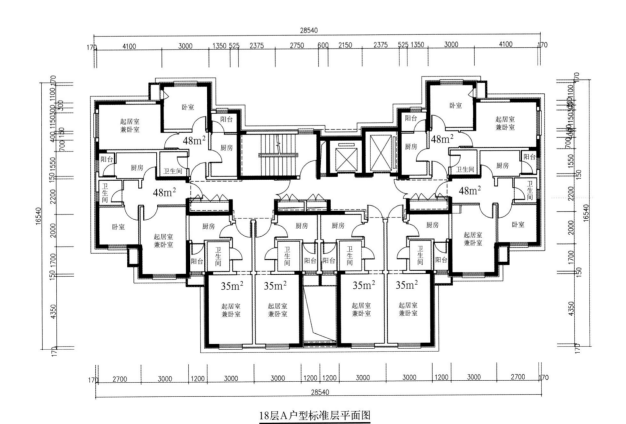

18层A户型标准层平面图

云南 景洪嘎洒镇国际"傣"温泉养生旅游度假区二期

楼盘档案

开发商　云南省旅城投建设（集团）有限公司
设计单位　上海现代建筑设计(集团)有限公司
　　　　　规划建筑设计研究院
设计师　姚海容、卞晓俊、恽越尔、
　　　　刘明、李玉辉

经济技术指标

用地面积　33.4hm²
建筑面积　36.7万m²
容积率　　1.1
绿地率　　46%
停车位　　2100

项目概况

项目位于景洪市嘎洒镇边缘区域，距离景洪中心区约3km，紧邻过境公路214国道。北面与山体相连，南面与基本农田保护区隔214国道相望，西面与东面均与现存傣寨衔接。

功能分区　环境宜人

项目为契合嘎洒旅游小镇总体规划，打造以温泉度假旅游为核心功能，集旅游居住、民俗体验、康体健身为主题的极具特色的综合性温泉旅游区。

整体规划沿214国道与南凹河之间展开，分为普通住宅区、高级住宅区、商住混合区、别墅区、公共设施区5大功能分区。

花园洋房区位于用地中部，围绕田园傣乡度假区展开，呈岛状组团布置。主要布置多层及中高层的花园洋房。组团内部以半围合式院落布局，形成良好的居住氛围。

商住混合区位于用地东南侧，紧邻214国道。布置以花园洋房为主，1～2层为沿街商业服务设施。

别墅区位于用地北侧，紧邻南凹河景观带。产品类型为联排别墅、双拼别墅、独栋别墅。围绕南凹河水体呈环形布置，充分利用景观资源，做到户户见水。

公共设施区位于用地西南侧，产品类型为特色商业、办公金融、辅助设施、温泉养生、公寓式酒店等。大型水景广场沿214国道一侧布置，形成气势恢宏的入口空间景观。

配套公建集中布置于西南侧，目的是为了对度假区的整体地块形成更好的服务。

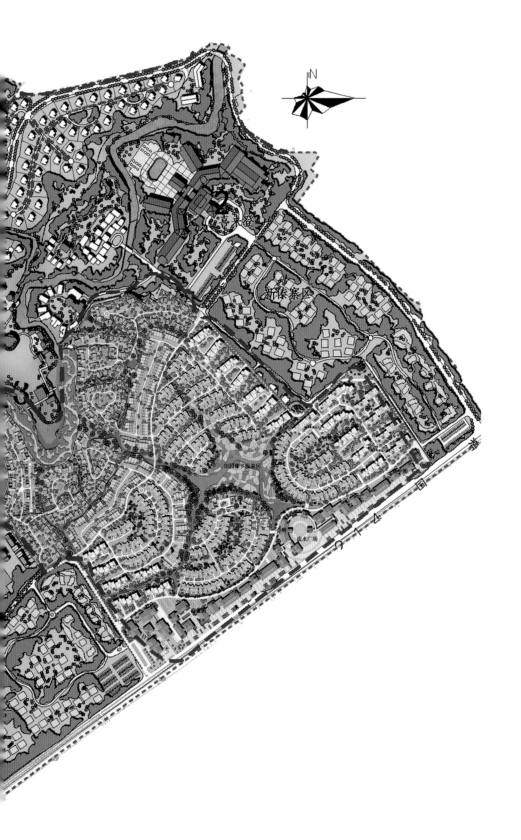

彼此独立　各成体系

　　交通主要分为3个体系：公寓、别墅、公共设施，分区间由区内主要道路连接。居住组团之间通过环状的外部车行道和中心化的内部步行景观形成各自的分流组织，每个组团通过对外出入口的设置紧密连系在一起，形成既独立又完整的有机整体居住环境。

层次丰富　相互渗透

　　住宅地块营造纯生态绿地景观效果。让景观与建筑、生活与度假融为一体。连贯流畅的步行景观体系，串连各个地块；而组团绿化空间嵌入步行景观链中，由植被、小型迷你广场和各类活动场地组成，与核心景观空间相互交错渗透，形成层次丰富的绿化景观体系；公建附属绿地结合建筑使用空间进行设计，并与公共绿地相互呼应；铺地丰富细腻，通过每栋住宅铺地拼花的不同，彰显领地专属的尊贵。

　　商业办公区以硬质铺地为主，满足大量人流汇集的功能需求，并在重要节点布置广场，满足可能的商业展示和表演活动。

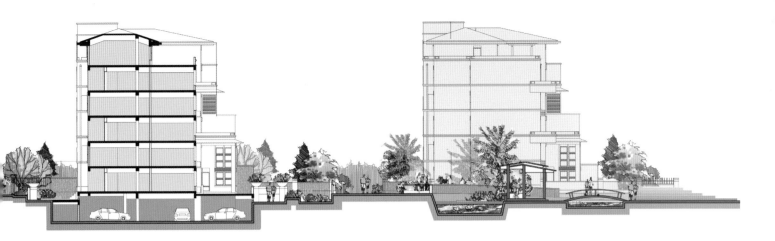

云南　昆明中天"文化空间"一期

楼盘档案

开发商　云南中天文化产业发展股份有限公司
设计单位　上海现代建筑设计(集团)有限公司
　　　　　规划建筑设计研究院
设计师　李康、王涛、史玉薇、卫彦渊、
　　　　张薇、朱燕枞、叶晨涛、刘雪翎

经济技术指标

用地面积　4.4hm²
建筑面积　25.5万m²
容积率　　5.78
总户数　　1177
停车位　　2014

项目概况

项目位于昆明主城区一环路边，东至环城西路，南至规划道路，西至规划道路和现状宿舍区，北至新闻路。

一心、一轴、两组团

项目分为两大主体功能区块——回迁住宅组团和公建组团，并结合分期拆迁、分期实施的原则，形成复合型的城市肌理结构。在整个区域中心住宅区步行出入口和文化商贸公建区人流集散口处，结合街坊内部道路设置集中的城市公共开放空间，同时由此向西和向东延展，形成横向的景观主轴，最终构建形成一心、一轴、两区的规划结构。

回迁住宅以高层和超高层为主，组团化布置，利于分区管理；住区内部注重立体绿化的设计，利于景观渗透，并形成良好的对外形象；住宅单体以点式塔楼为主，排布紧凑，结合城市界面、区域内部公共轴线及小区出入口形成曲线、交错等变化，优化景观形象。

公建区由中央景观轴分成南北两片区，北片区通过纵横交错的人流走廊，组织各独立商业体。二、三层商业则利用空中走廊和垂直交通形成通畅的流动空间，提高了交通可达性，提升了商业价值。南片区则形成大型的文化商业市场，满足一期的商业回迁和文化产业前期的市场营造。四栋SOHO办公塔楼生长在商业上，形成了错动丰富的高层建筑景观。

分区管理　安全舒适

　　作为城市重要的商贸集中区以及社区模式的结构，规划区依托城市道路分组团组织内部交通；通过交通的分流，保证各组团的交通安全。区域中央的街坊内部道路，路面宽9m，回迁住宅小区级道路路面宽6m，文化商贸公建区外围形成通畅的环路，以铺地形式表达，满足消防要求。同时结合商业界面设置人行道。

　　综合考虑到居住、商业、办公、物流等多种交通的相互关系，本着居民出行方便和今后发展趋势，对各类人流进行适当分流。

发散布局　层次丰富

　　作为城市商贸中心区，规划区绿化景观体系以塑造城市景观为核心，以城市公共生活为向导，以城市生活性道路为轴线，形成以中央开放空间为核心的发散式布局。居住组团中心结合绿地形成重要的景观节点。沿环城西路构建重要的景观界面，重点打造街景公园以及结合商贸办公入口形成块状的绿化空间。通过商业区内纵横的步行廊道，形成相应的带状绿化空间。着重打造商业的屋顶绿化，形成丰富的第五立面景观。

雕塑广场

下沉广场

办公入口

公寓大堂   酒吧   步行街入口   专卖店入口   电影KTV入口   公寓入口   地下车库入口

地下车库入口   酒吧   NIKE专卖店   电影KTV门厅   商铺   公寓大堂

肯德基   酒吧   酒吧   酒吧   酒吧   商铺   商铺

酒吧   酒吧   商铺   商铺

水吧   水吧   酒吧   酒吧   酒吧   商铺   商铺   商铺   商铺

水吧   水吧   水吧   水吧   水吧   水吧   公寓大堂   商铺   商铺   商铺   商铺

ZARA主力店   水吧   顾客生活馆   商场入口   商铺   商铺   商铺   商铺

专卖店入口   步行街入口   公寓入口   生活馆入口   商铺   商铺   商铺   商铺

水吧   商铺   商铺   商铺   商铺

下沉广场

下沉广场   商铺   商铺   门厅   商铺   公寓大堂   库房

商铺   商铺   小区步行入口   商场主入口   公寓入口   货车入口

商铺   大堂   商铺   商铺

商铺   商铺   商铺   商铺   商铺   商铺

商铺   商铺   商铺   商铺   商铺

物业   大堂   物业   商铺   商铺

入口大堂   商铺   商铺

商铺   大堂   仓库   管理

办公   办公   居委会   活动室

社区活动中心入口   活动室

下沉广场

物业

库房

卸货区域

小区车行入口   货车入口

总体一层平面图

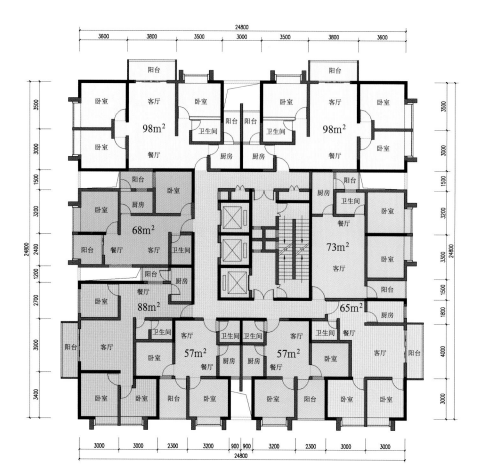

2号楼标准层平面图

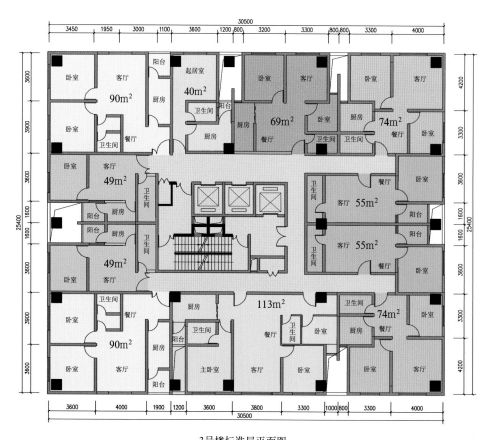

3号楼标准层平面图

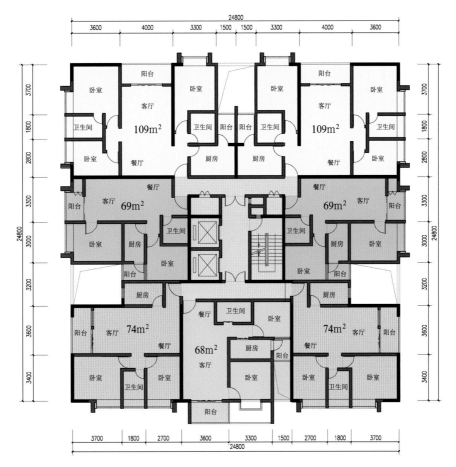

4号楼标准层平面图

5号楼标准层平面图

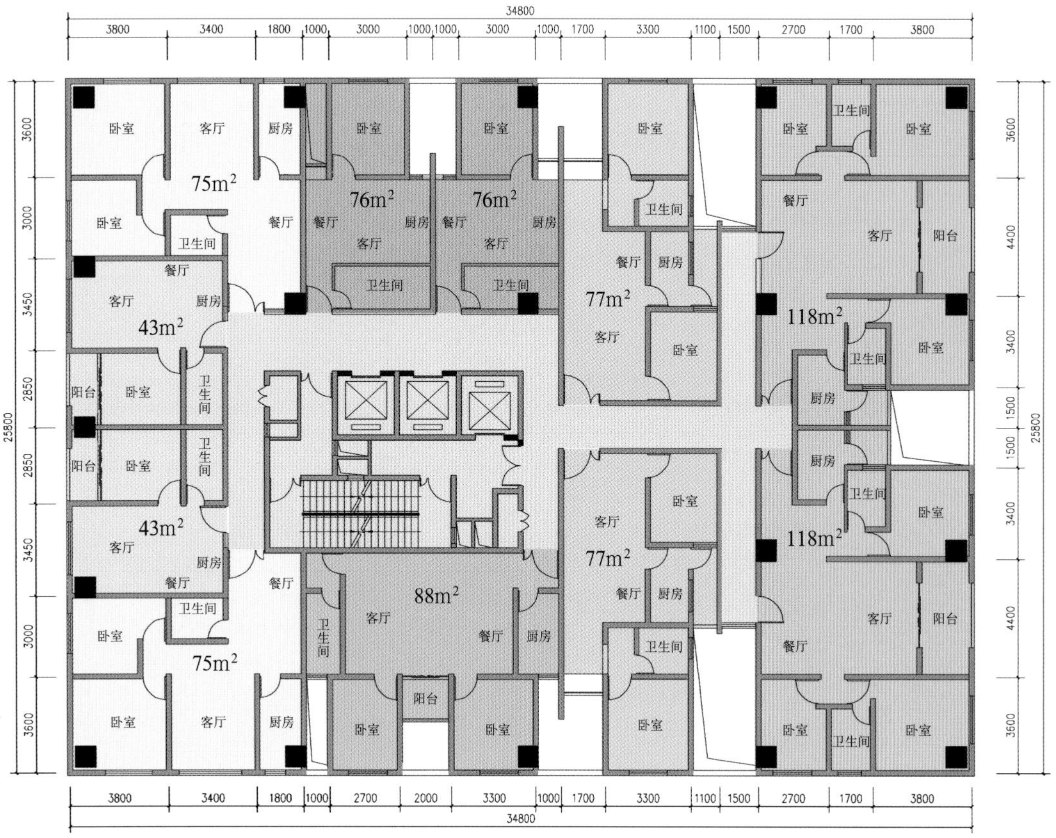
34800
3800 3400 1800 1000 3000 1000 1000 3000 1000 1700 3300 1100 1500 2700 1700 3800
卧室
客厅
厨房
卫生间
餐厅
阳台
75m²
76m²
76m²
77m²
118m²
43m²
43m²
88m²
77m²
118m²
75m²
3800 3400 1800 1000 2700 2000 3300 1000 1700 3300 1100 1500 2700 1700 3800
34800
3600 3000 3450 2850 2850 3450 3000 3600
25800
3600 4400 3400 1500 1500 3400 4400 3600
25800

6、7号楼标准层平面图

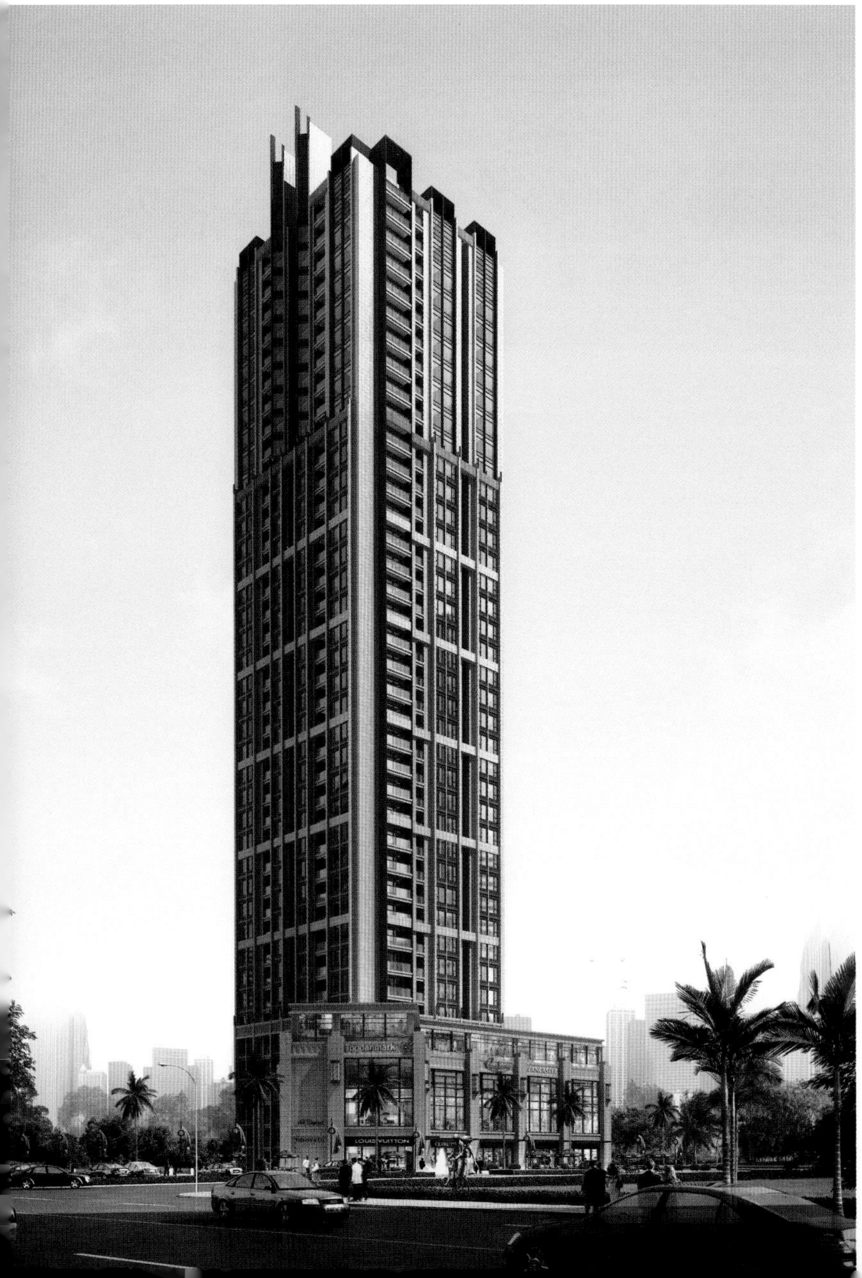

浙江　杭州广厦·锦上豪庭

楼盘档案

开发商　　广厦房地产开发集团有限公司
设计单位　杭州天人建筑设计事务所
设计师　　周明华、刘辉、白树全

经济技术指标

用地面积　8.7hm²
建筑面积　19.2万m²
容积率　　2.21
绿地率　　30%
停车位　　1416

项目概况

　　项目位于杭州市东北，介于杭州主城与临平副城之间的天都城天禧B地块。西邻天禧路，南临天星路，北临天祥路，东临天泉苑住宅区。

双轴对称　院落布局

　　规划设计采用了欧洲古典园林的造园手法，通过十字交叉的双轴线控制，形成严整对称，南北三进院落的整体布局。建筑围绕三个中心花园周边布置，形成私密围合感，又使花园景观共享，实现均好性。

　　规划布置10栋点式高层住宅和7栋板式高层住宅，层数均为16层，利用板式和点式的各自特点形成对比，实现空间的分隔与融合。社区配套用房及物业用房布置在地块西北角的15号楼裙楼中，即可相对独立，又便于服务。

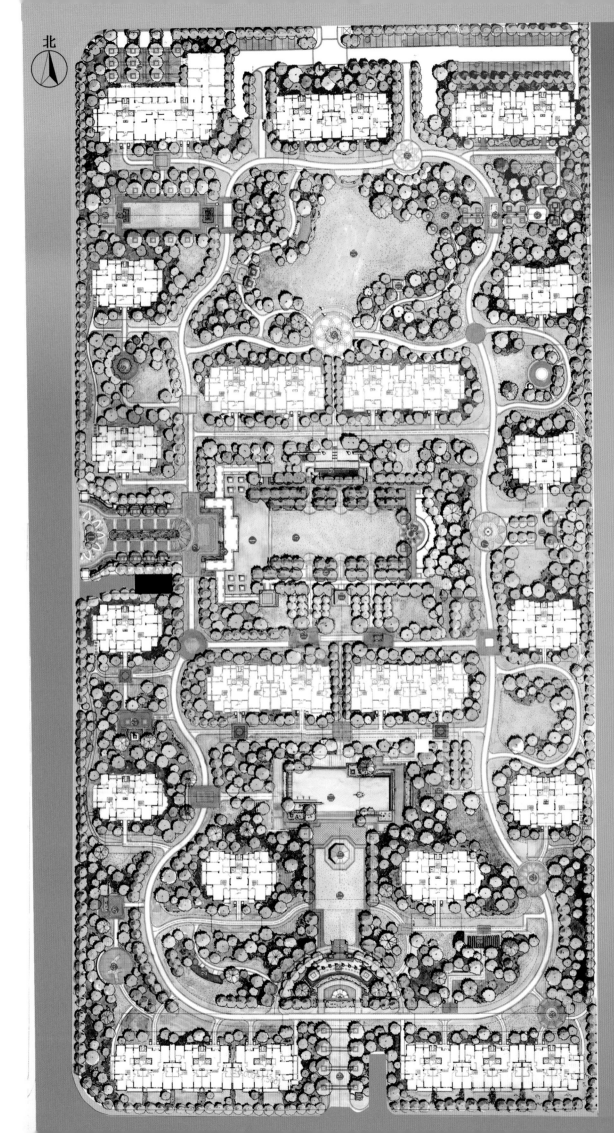

人车分流　移步换景

主入口设于西侧天禧路中部，正对核心区的中心花园。南北各设一个次入口，同样位于中心景观轴线上。三个入口附近均设有地下车库入口，机动车进入小区后可直接入库，避免干扰，实现人车分流。小区内机动车道围绕三个中心花园外围环通，主要用于消防和临时搬运。环路围合的中心景观花园则是完全的步行系统，并根据景观分隔成若干相对私密的区域，便于人们休憩、交流。

一轴三点　立体景观

整个景观体系由一根轴线串联的三大中心花园组成。三个花园之间既有区别又有联系，各有特色，又互成对景，主入口正对的核心花园，成为小区景观的核心区。

整个景观空间定义为三大景观范畴：活动广场、滨水栈台、植被山林。三大中心花园、主要景观节点互相渗透、融合。中心既围合又有开敞与城市空间及环境景观资源成为视觉共享的公共起居厅。同时，由景观主轴这个公共客厅可以迅捷到达每个邻里空间的庭院。

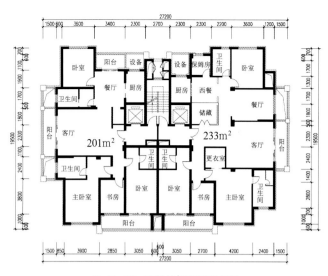

3、7、10、13号楼标准层平面图

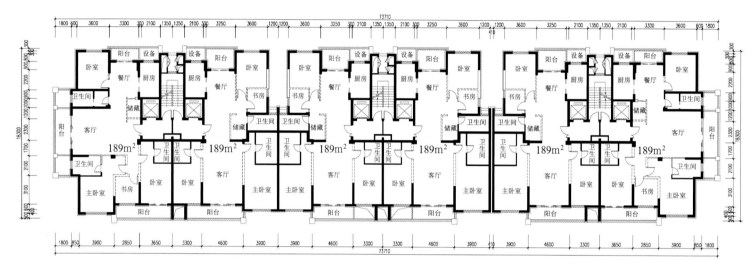

1、2号楼标准层平面图

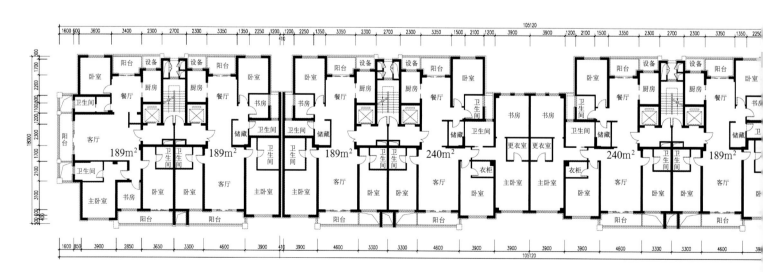

8、11号楼标准层平面图

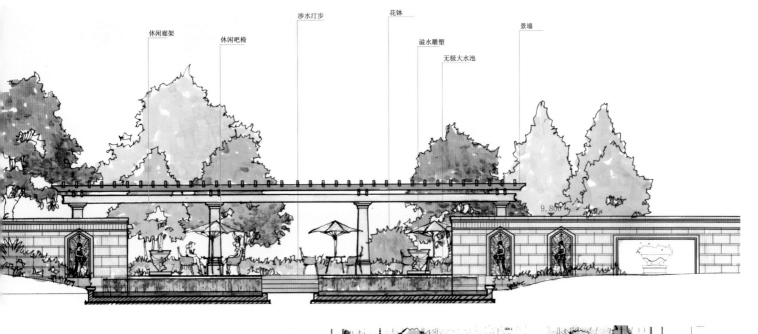

休闲廊架　　休闲吧椅　　涉水汀步　　花钵　　景墙
溢水雕塑
无极大水池

9.800

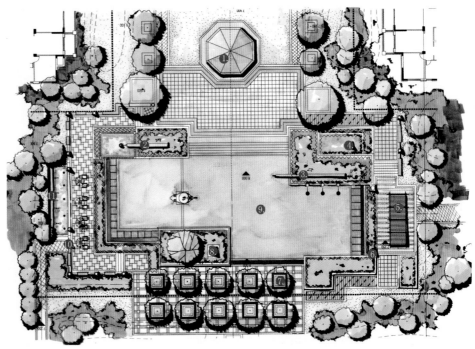

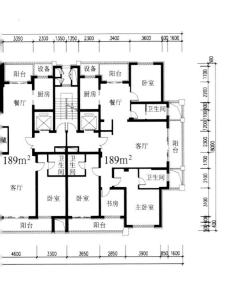

189m²　　189m²

3350　2300　1350 1350　2300　3400　3600　600 1600

阳台　设备　　设备　阳台　卧室
厨房　　厨房　　卫生间
餐厅　　　　　　餐厅　阳台
　　　　　　　　　客厅
客厅　卫生间 卫生间
卧室　卧室　书房　主卧室
阳台　　阳台

4600　3300　3650　2850　3900　850 1600

浙江　杭州广厦天都城·温莎花园

楼盘档案

开 发 商　广厦房地产开发集团有限公司
设计单位　浙江广厦建筑设计研究院有限公司
设 计 师　蒋未名、祝颜、钱勇、沈晓安、
　　　　　高水昌、周家龙

经济技术指标

用地面积　2.4hm²
建筑面积　4.7万m²
容 积 率　2.0
绿 地 率　30%
总 户 数　428
停 车 位　393

项目概况

　　项目位于杭州市天祥路以北，上塘河以南。用地东侧隔20m城市绿化带与天湖苑相邻，北侧和上塘河之间有30m宽的滨河绿化带，用地呈三角型。

V型布局　相互借景

　　充分解读场地及周围环境后，建筑呈V字型排布，沿街布置以小户型为主的两栋11层小高层及一栋布局后退得17层住宅。沿北侧用地红线顺势布置18层宽最大户型高品质住宅，中间围合成半开放式的中心景观区。其开口朝向用地东侧的城市绿化带使其连成一片。已达到相互借景的效果。北侧建筑在沿上塘侧的用地界线上打开两处景观通廊，连同北侧建筑底层架空层一起可将上塘河沿岸的30m宽的滨河绿化带及其北侧的山峦美景毫无保留的引入住区内。

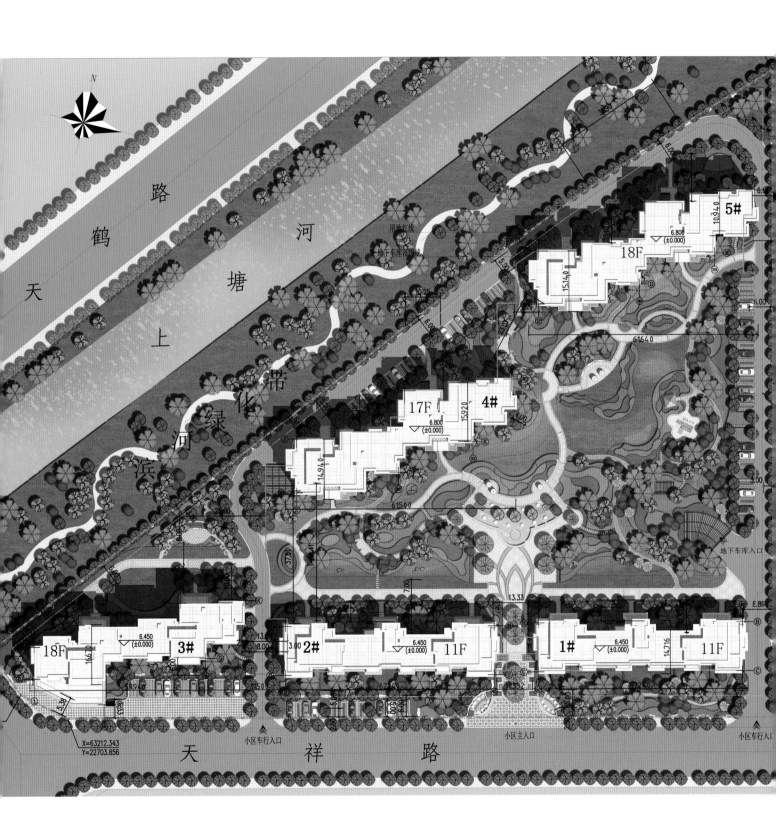

N

天鹤路

河塘上河绿化带滨河

用地红线

地下车库范围线

5#
18F
6.800
(±0.000)
10.940
15.140
61640

17F
6.800
(±0.000)
15920
4#
14.940
61500

地下车库入口

18F
6.450
(±0.000)
16610
3#

2#
6.450
(±0.000)
11F

11F
1#
6.450
(±0.000)
11F
14.716

13.33

X=63212.343
Y=22703.856

小区车行入口

小区主入口

小区车行入口

天祥路

竖向分流　贴近自然

小区出入口设在天祥路，步行景观主路口设于两栋小高层住宅之间。小高层住宅两侧设机动车出入口，小区内实行人车竖向分流。平时外部车辆从机动车出入口进入小区后沿环线通行。上部中心庭院为步行区，这为营造安静、安全的人居环境创造了有利的条件。非机动车库设于3、4号楼下。

层次丰富　立体景观

住区庭院充分利用场地内的标高变化，将上部庭院绿化以开口的形式引入地下车库和自行车库，即丰富了庭院的绿化层次又提高了车库的开放性和采光通风效果。在上部，每户均配置入户花园及花坛，住户在自家门口都可以体验空中花园洋房的感受。中心绿地的最大化，东侧城市绿化带和北侧的滨河绿地、群山美景融为一体。北侧的高层住宅设于景观架空层，是住户邻里交往和嬉戏的场所。

简洁大方　色调柔和

建筑造型以简洁的建筑语汇，细腻的线条，大方合理的建筑体块合奏成现代大气的住宅建筑。在城市区域内彰显着自身的建筑个性，具有识别性的同时建筑在外饰面材料的运用上又有其文化的传承。住宅建筑上部使用深暖灰色面砖，下部使用深暖灰色花岗岩，使它经得起时间的考验，经久不衰。

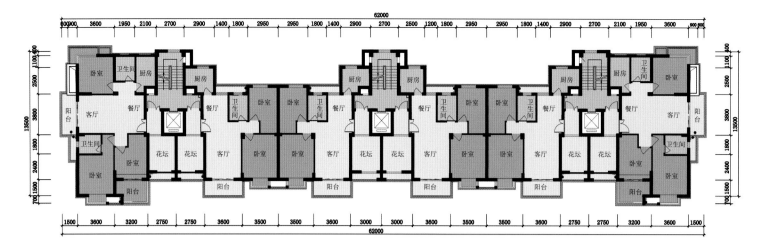

1、2号楼标准层平面图

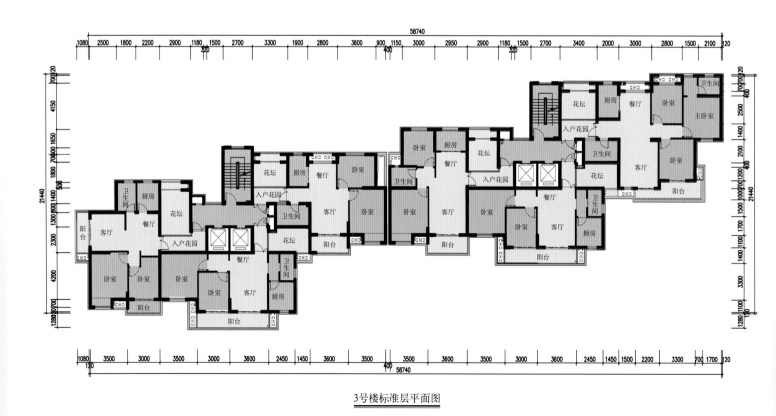

3号楼标准层平面图

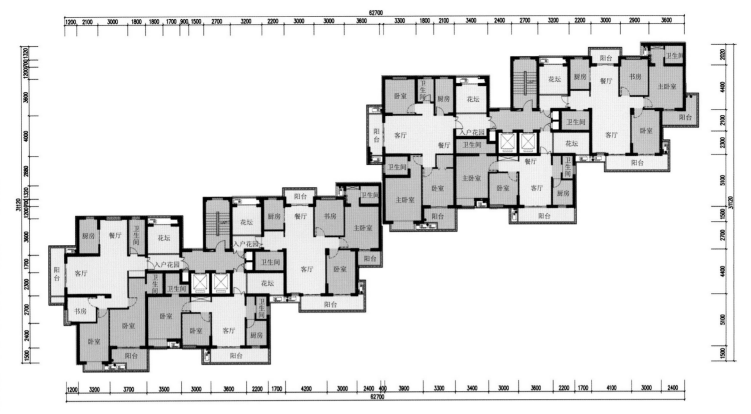

4、5号楼标准层平面图

浙江　嘉兴金都·九月洋房

楼盘档案

开发商　金都集团嘉兴金都房产集团
设计单位　上海利恩建筑规划设计事务所
设计师　陈贤友、冯叶萍

经济技术指标

用地面积　5.7hm²
建筑面积　11万m²
容积率　1.97
绿地率　40.5%

项目概况

项目位于秀洲区西区，洪禄路北侧，秀圆路东。周边已具备相当的住宅区居住规模，地理环境十分优越，城市交通及配套设施比较完善。

南低北高　空间立体

以空间清晰的广场、庭院空间组织南低北高的布局。形成南侧多层组团与北侧高层组团以及中部主入口广场过渡空间构成的总体空间构架。多层以底层带院落的花园式住宅概念形成街巷的传统居住空间肌理。

北侧高层组团采用庭院空间形态，利用中部架空层及景观轴线与南侧公共空间融为一体。

多层组团以中部步行广、林荫道、水体景观形成的公共空间构成多层住宅的"大客厅"与高层富有"田园"感受的庭院形成对比，人们在此行走、休闲、交流、活动，同时以小尺度的多层围墙、回廊设计既界定了空间，也使多层组团共享空间更富有亲切感。多层宅间道路"廊厅"：多层宅间结合私家庭院设计形成外紧内松的空间特征，宅间道取接近巷道空间的"廊厅"形成仿若带状的庭院，林木与簇拥在小径边的花丛更烘托出无法复制的独特院落品质，被动的交通空间转换为有趣味的递进空间，形成私密而情调的专属感受。

在高层住宅从入口广场至回家过程及多层共享广场空间局部均设回廊形成室内外空间过渡。回廊的设置使庭院空间的格局，体量充分舒展，形成多种多样的空间变化，既满足功能使用要求，又丰富庭院景观尺度，成为多层、高层的景观联系纽带。

浙江老爷车服饰有限公司

用地边线

人车分流　融入自然

主入口设于秀园路，东侧道路做为一、二期车行主干道。内部局部车行流线7m，高层部分做为消防车道的6m宽外，其余均考虑2.5～3m的步行道。车行交通利用地面与地下相结合环通，尽可能营造小区内步行交通的连续性。步行交通充分考虑与景观的有效结合。

层次鲜明　景观丰富

以东西及南北向景观轴线将高层庭院、入口广场、多层庭院景观绿地空间融为一体，景观空间富有层次并注重空间转换、过渡的视线不同感受，结合围廊的设计形成富有变化、层次的空间序列，既有大尺度的景观绿地，又有富有趣味的庭院小空间。结合高层架空层、回廊、巷道等设计，体现富有人文气息社区景观。多层宅间以私家庭院为主，同时利用多层退台种植绿化形成立体的绿化景观。

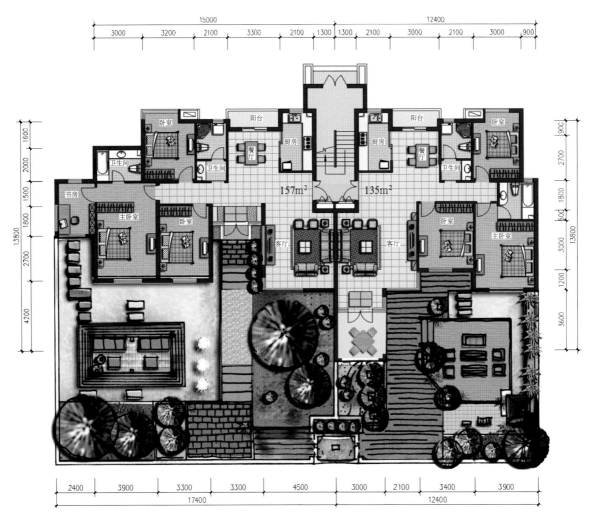

15000　12400

3000　3200　2100　3300　2100　1300　1300　2100　3000　2100　3000　900

卧室　阳台　厨房　厨房　阳台　卧室

卫生间　餐厅　餐厅　卫生间

书房　157m²　135m²

主卧室　卧室　客厅　客厅　卧室　主卧室

2400　3900　3300　3300　4500　3000　2100　3400　3900

17400　12400

D+A户型首层平面图

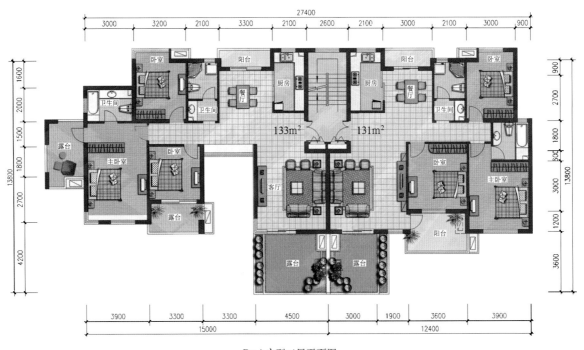

27400

3000　3200　2100　3300　2100　2600　2100　3000　2100　3000　900

卧室　阳台　厨房　厨房　阳台　卧室

卫生间　餐厅　餐厅　卫生间

露台　133m²　131m²

主卧室　卧室　客厅　卧室　主卧室

露台　露台　阳台

露台　露台

3900　3300　3300　4500　3000　1900　3600　3900

15000　12400

D+A户型二层平面图

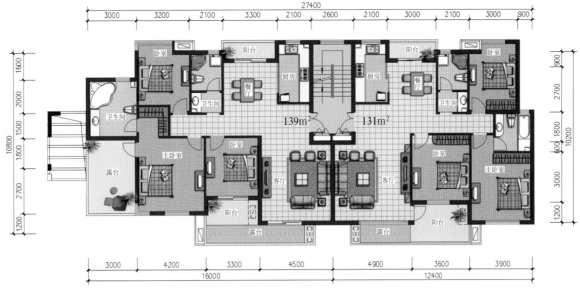

139m² 131m²

D+A户型三层平面图

131m² 123m²

D+A户型四层平面图

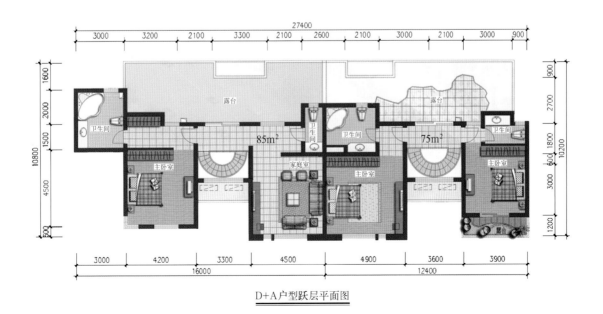

85m² 75m²

D+A户型跃层平面图

E户型标准层平面图

合理布局　功能完善

多层户型设计注重功能合理，居住空间富于变化，底层设私家花园，上部层层退台，每户引入露台概念，营造庭院花园洋房之感。高层户型力求平面紧凑，功能齐全，通风采光良好。

稳重高贵　雍容典雅

多层以富有变化的建筑及结合绿化的露台、围墙等设计形成亲切的空间尺度。多层以朴素的红砖材质加入现代的构思，构建出不可替代的气质特征，稳健而又隐含的尊贵，传承了不事张扬、贵而不显的独特气息，并与高层典雅高贵的现代建筑既形成对比又互为映衬。

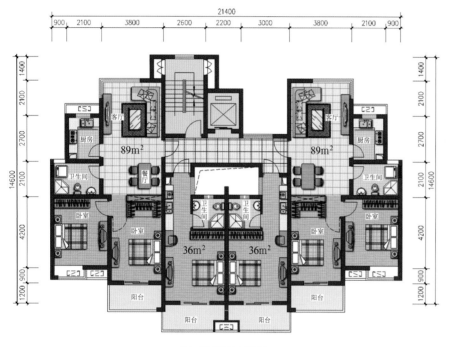

F户型标准层平面图

H户型标准层平面图

浙江　宁波绿城·慈溪玫瑰园

楼盘档案

开 发 商　慈溪绿城投资置业有限公司

设计单位　上海济景建筑设计有限公司

　　　　　浙江绿城建筑设计有限公司

设 计 师　张轶群、王宇虹

经济技术指标

用地面积　12.2hm²

建筑面积　15.6万m²

容 积 率　1.28

绿 地 率　30%

总 户 数　645

项目概况

　　项目位于慈溪南二环以北，剑山路以东，虞家路以南，地处城市繁华之地。本案位于城市中心核心区域，与上林坊、商业步行区同属中央商务区，紧邻商业繁华的慈甬路，红十字医院，周边配套设施非常完善。

对称布局　层次丰富

　　园区规划融入法式风格平层官邸、排屋及新古典建筑风格的城市景观电梯公寓于一体。充分考虑建筑与环境的融合关系，整个规划对称，轴线感分明。南、北区建筑层次关系分明，采用了南北递进的布局方式。四大组团依建筑序列展开，均衡对称。以四个静态组团与一条规划道路为蓝图，依各个中心花园展开轴线均衡的建筑与景观，建筑组合错落有致、高低相辅，欧式宫廷园林、底层前庭后院等景观，与建筑组团有机组合，形成建筑与绿树相互掩映的意境。

中轴对称　生意盎然

　　按轴线对称的序列，将建筑与园林均统一在东方情结和西方肌理的仪式中。建筑形态秉承城一贯的设计风格，营造一种富有动态韵律、端庄典雅的建筑氛围与建筑场景。园林由入口至中心花园，再到组团绿化，无一不以对称工整的新古典宫廷文化贯穿，将所有景观节点都串联在一起，形成一个富有生机的归属感序列。

人车分流　合理区分

　　在出入口交通组织上更加精细化，不仅仅是人行和汽车的分流，还做到人行、自行车及汽车三者的分流，使相互间的干扰最少。同时实现园区内人与自行车、机动车的完全分离，步行园区生活确保园区内部的安全与静谧。

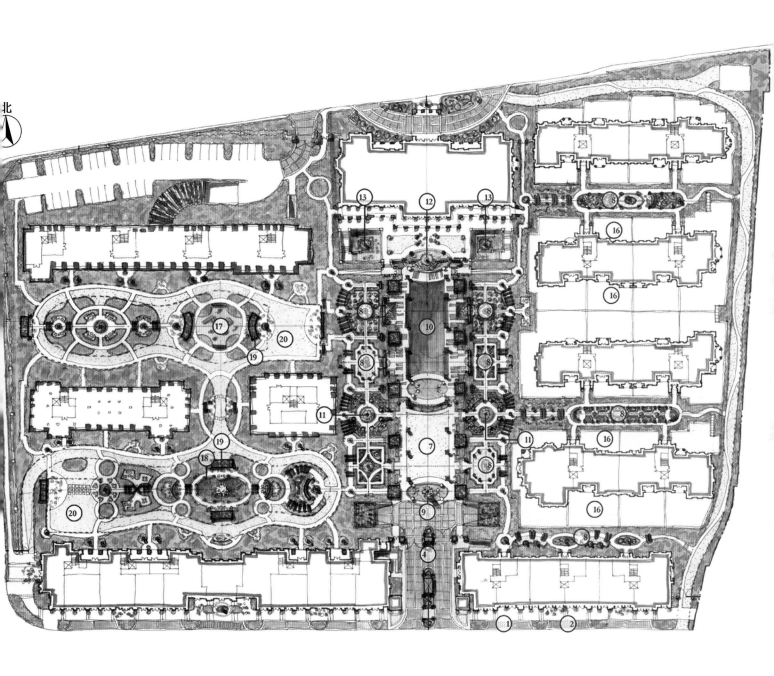

北

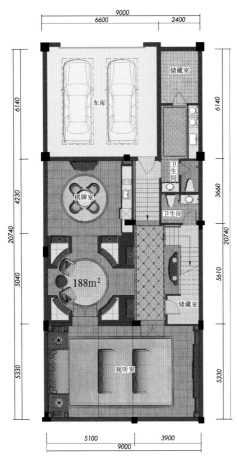

法式排屋B户型地下层平面图

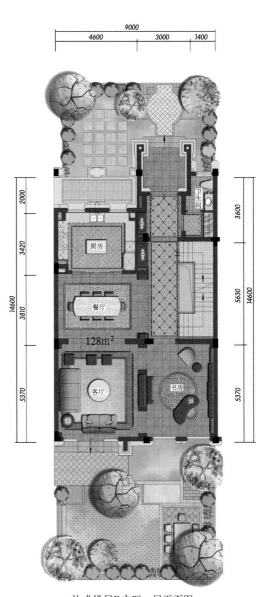

法式排屋B户型一层平面图

法式排屋B户型二层平面图

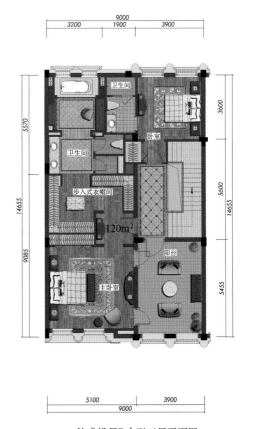

法式排屋B户型三层平面图

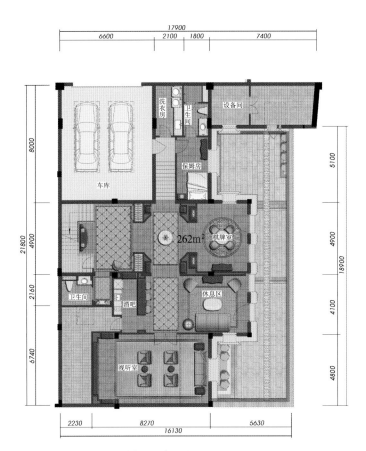

法式排屋C户型地下层平面图

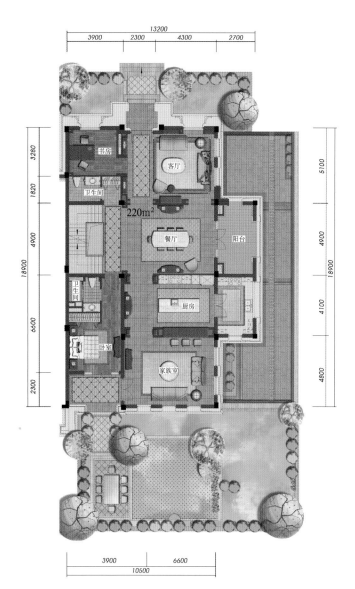

法式排屋C户型一层平面图

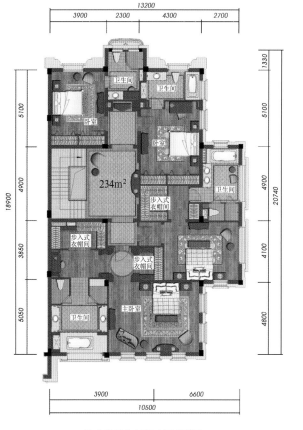

法式排屋C户型二层平面图

浙江　台州绿心桐屿片区城市设计概念规划

楼盘档案

开 发 商　台州市路桥区政府

设计单位　上海现代建筑设计(集团)有限公司
　　　　　规划建筑设计研究院

设 计 师　李康、朱小祥、胡馨文、张园园、
　　　　　徐唯懋、夏威

项目概况

项目位于台州市路桥区桐屿街道辖区内，是台州市绿心生态总体规划的核心区块，面积15.9km²。东至下分水河，西至甬台温铁路线，南至路桥大环线，北至规划用地线。

一轴、两带、五心、十片

一轴：串联南北景观轴，以景观水体、绿地为中心轴线，强调突出规划的生态性。

两带：核心公建带——位于南部板块核心，结合水体、商业、办公服务等功能，串联南部各片区；环湖连接带——环绕规划玉鹿湖水库，将玉鹿湖水库周边各片区有机串联。

五心：核心商务区中心，国际实验生态社区中心，现代居住服务中心、玉鹿湖水库南端观光塔，玉鹿湖水库北端酒店中心。

十片：形成功能各有侧重，多元复合配置的10个片区。

整个规划用地根据现状条件可分为南北两个用地板块。南部板块以完整的城市功能区为构架，布置核心商务区与配套完整的居住组团；北部板块围绕规划玉鹿湖水库布置体育活动、文化娱乐、商业酒店、度假别墅、风情小镇等旅游服务相关功能；南北板块之间通过道路进行串联，在空间景观视线上形成整体。

充分考虑城市主要人流车流走向，将主要动态活动安排于靠近城区，静态居住等安排于远离城区的一侧。通过引入各类丰富的活动类型与主题场所，结合生态湿地、游船、码头等休闲设施，打造出滨湖充满活力的生活带。结合已有农民回迁布点，集中安置农民回迁，环内环外合理分配。

至黄岩

至椒江

植物雕塑园

井马

方山

湖滨山色

翠湖风情

狮子山

依佛养心

文化中心

玉鹿湖

创智天地

绿林水滨

路桥天地

公共休闲区

台地硅谷

台地雅居

台地雅居

水景都心

行政文化中心片区

台地雅居

至路桥区中心

生活资料市场片区

桐屿南居住片区

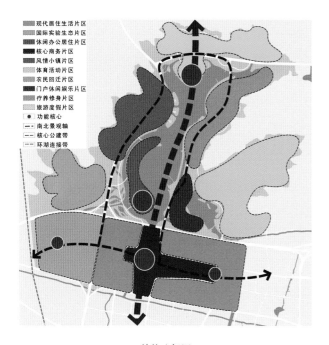

現代居住生活片區
國際實驗生態片區
休閒公居住片區
核心商務片區
風情小鎮片區
體育活動片區
農民回遷片區
門戶休閒娛樂片區
療養修身片區
旅遊度假片區
● 功能核心
南北景觀軸
核心公建帶
環湖連接帶

結構分析圖

0.2＜Far
0.2＜Far≤1.0
1.0＜Far≤1.5
1.5＜Far≤2.0
2.0＜Far≤3.0
3.0＜Far≤4.0
4.0＜Far

開發強度控制圖

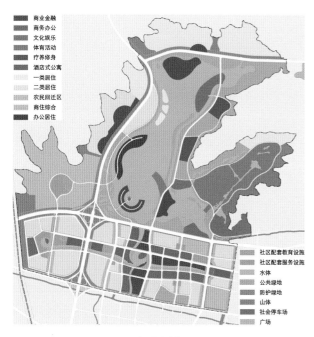

商業金融
商務辦公
文化娛樂
體育活動
療養修身
酒店式公寓
一類居住
二類居住
農民回遷區
商住綜合
辦公居住

社區配套教育設施
社區配套服務設施
水體
公共綠地
防護綠地
山體
社會停車場
廣場

土地利用分析圖

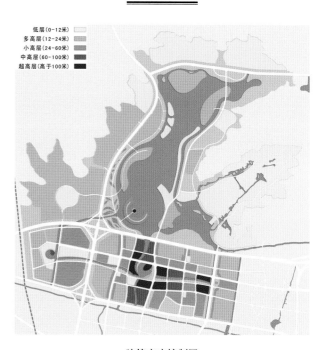

低層（0-12米）
多高層（12-24米）
小高層（24-60米）
中高層（60-100米）
超高層（高於100米）

建築高度控制圖

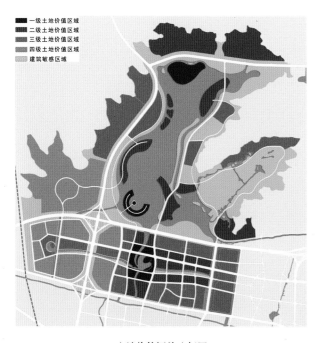

一級土地價值區域
二級土地價值區域
三級土地價值區域
四級土地價值區域
建築敏感區域

土地價值評估分析圖

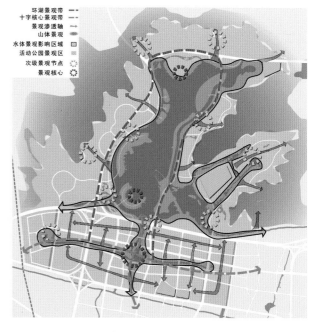

環湖景觀帶
十字核心景觀帶
景觀滲透軸
山體景觀
水體景觀影響區域
活動公園景觀區
次級景觀節點
景觀核心

景觀分析圖

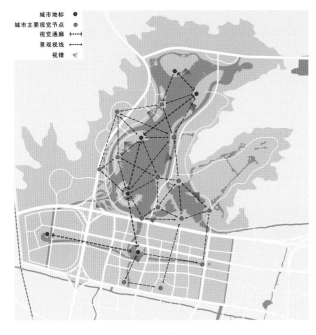

视线分析图

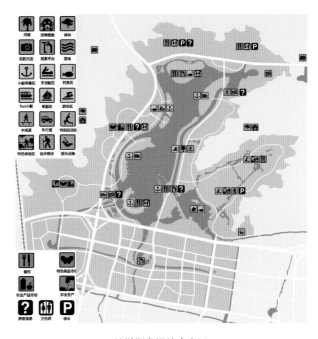

旅游服务设施布点图

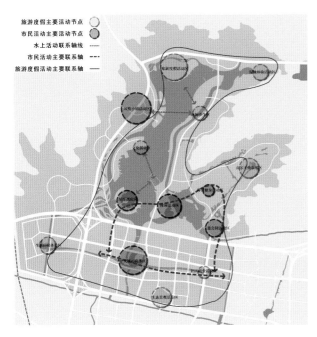

公共活动网络设施分析图

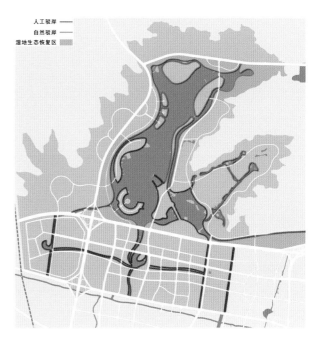

驳岸分析图

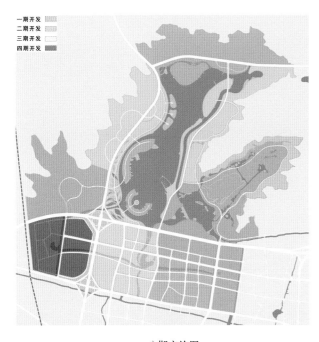

分期实施图

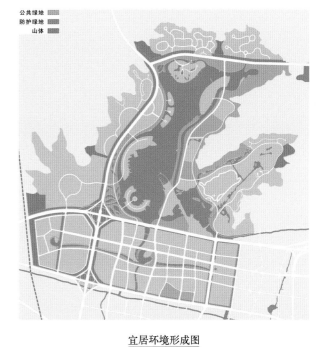

宜居环境形成图

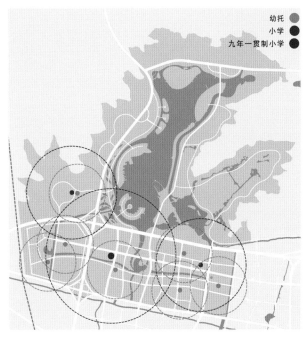

公共服务配置分析图

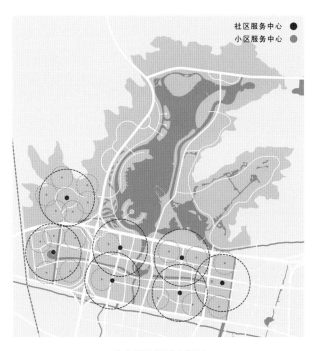

公共服务配置分析图

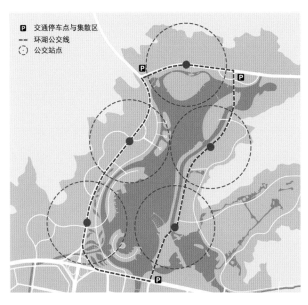

公共停车设施分析图

四级道路 动静皆宜

规划区域城市道路由快速路、主干路、次干路、支路四级道路构成。规划利用道路等级、道路贯通长度的不同，分离过境交通量，实现"外围过境，中心密集、环湖外挂"的道路结构。

地面公共交通：核心区按平均500m站距设置公交站点；站点宜设置在交叉口出口道，与交叉口渠化段整体设计；干路设置站点宜利用道路断面隔离带宽度，设置港湾式公交停靠站。

水上交通：以规划玉鹿湖水库为基础，实现水上交通、景观的"缝合"，结合环湖各类公共设施设置游船泊位站点，提供亲水平台，丰富公共交通与休闲活动方式。

公共停车设施：按"集散结合、总量控制、梯度供给"的策略提供停车泊位；结合配建停车，分散设置社会公共停车泊位；结合公园、绿地等公共设施设置公共停车场（库）集中设置公共停车泊位；规划公共停车泊位在区域内达到泊位总量平衡，分层控制核心区公共停车泊位；自核心区边缘向中心公共停车泊位供应量递减：高标准——适度——控制。商务中心区地下车库设置联络通道连接，利于停车资源的统筹调配，并统一设置停车库出入口，减少车辆出入库对交通的影响。

步行交通：完善城市道路人行道、绿地景观道路、城市广场为主组成的城市步行系统，保证行人的道路通行权；设置人行过街设施和无障碍设施，实现步行"可达性、舒适性、公共交通换乘便利性"。

非机动车交通：鼓励短途非机动车绿色交通，道路断面设计重视非机动车交通安全性和通行权，提供连续系统的自行车通行网络，公交站及大型公共建筑周边规划设置必要的非机动车停车场地。

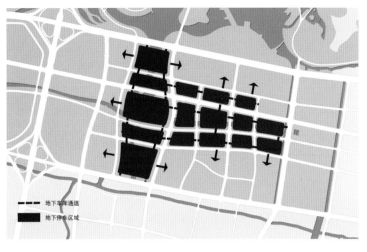

地下车库通道
地下停车区域

地下车库分析图

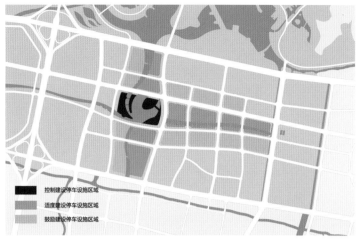

控制建设停车设施区域
适度建设停车设施区域
鼓励建设停车设施区域

停车设施区域分析图

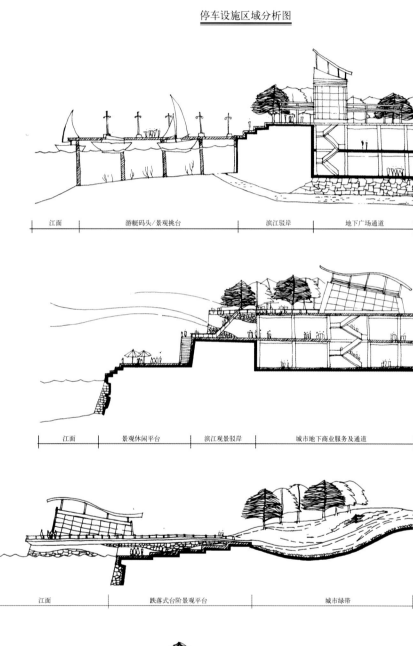

| 江面 | 游艇码头/景观挑台 | 滨江驳岸 | 地下广场通道 |

| 江面 | 景观休闲平台 | 滨江观景驳岸 | 城市地下商业服务及通道 |

| 江面 | 跌落式台阶景观平台 | 城市绿带 |

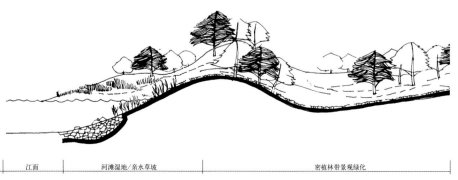

| 江面 | 河滩湿地/亲水草坡 | 密植林带景观绿化 |

一环、两带、三心、多点

规划构筑起网络化和节奏感的空间景观序列，形成"一环、两带、三心、多点"的空间景观格局。

一环：环湖景观

两带：核心十字景观带

三心：商务景观中心、观光塔景观标志、酒店对景

多点：功能区中心、环湖节点以及通过绿化渗透形成的山体景观对景

浙江　台州仙居人间·大卫世纪城

楼盘档案

开 发 商　浙江大卫房地产开发有限公司
设计单位　上海泛太建筑设计有限公司
设 计 师　顾立明、娄蒙莎、董振华

经济技术指标

C1地块		C2地块	
用地面积	1.7hm²	用地面积	3.6hm²
建筑面积	2.0万m²	建筑面积	5.7万m²
容积率	1.2	容积率	1.6
绿地率	25.12%	绿地率	20.3%
停车位	500	总户数	158
		停车位	569

C3地块		C4地块	
用地面积	3.8hm²	用地面积	2.2hm²
建筑面积	7.7万m²	建筑面积	4.3万m²
容积率	2.0	容积率	2.0
绿地率	30.1%	绿地率	21.4%
停车位	556	总户数	282
		停车位	375

C5地块	
用地面积	1.8hm²
建筑面积	3.7万m²
容积率	2.0
绿地率	20.8%
总户数	230
停车位	345

项目概况

项目位于仙居县城东郊大卫世纪城西南侧C标段。北侧为保留山体及A、B标段基地。东仙为经六路及经六路跨溪大桥。整个基地被晨曦路、滨江路、规划一路分成五个地块。拟在其中滨水地块C1、C2、C3建设包含有展示、商贸、住宿、居住、旅游等多种功能的综合场所。C4、C5地块中建设高层住宅及部分沿街商业。

因地制宜　围合布局

C1地块位于整个新城西侧。在地块的西侧布置4层城市主题馆,设计大量开放空间使其具有城市客厅的功能。东侧沿滨水绿地、晨曦路及地块中间布置带状文化商业建筑,在内形成两条东西向街道式商业空间。城市主题馆与东侧商业建筑形成入口广场,地块西侧结合滨江路起始段预留城市广场。与C2地块东侧广场形成一个城市空间节点。

C2地块位于C1地块东侧,在地块北侧布置5幢点式高层住宅。高层住宅区自成小区,独立出入口。地块南侧沿滨江路布置沿街商业建筑,是C1地块商业街的延续,在地块西侧利用地形进深放大的优势,布置成组商业建筑,围合成商业小广场。

C3地块为C标段滨水地块的东侧端点。地块的西北角处布置最高的100m酒店建筑,其西侧相对应布置一幢80m高酒店公寓,与酒店塔楼及酒店裙房,南侧会议中心一起成为城市的标志性建筑群。地块东南角设计为绿地与桥两侧的预留绿地,桥东侧的保留山体绿地一气呵成。地块西侧布置以休闲娱乐为主要功能的商贸建筑群。

C4地块用地位C标段地块的北侧,地块主要出入口布置在东侧规划一路,在晨曦路上布置人行出入口,地块内形成环路。在地块北侧布置两幢两个单元板式住宅,在地块西侧布置两幢点式住宅,在地块东侧布置一幢点式住宅,在地块南侧布置两幢两单元住宅。7幢住宅围合中心花园,景观及朝向都佳。建筑布置北高南低。在地块南、东、北三侧临路设计底层商铺。

C5地块隔规划路与C4地块相对。地块主要出入口布置在西侧规划一路,在晨曦路上布置人行出入口,地块内形成环路。根据地块形状,在地块北侧布置两幢三单元层板式住宅,在地块西侧布置一幢点式住宅,在地块南侧布置两幢两单元层住宅。5幢住宅围合中心花园,景观及朝向都佳。建筑布置北高南低。在地块南、东、西三侧临路设计底层商铺。地块北侧隔城市绿化带为新城商业中心,在地块北侧布置独立商铺。

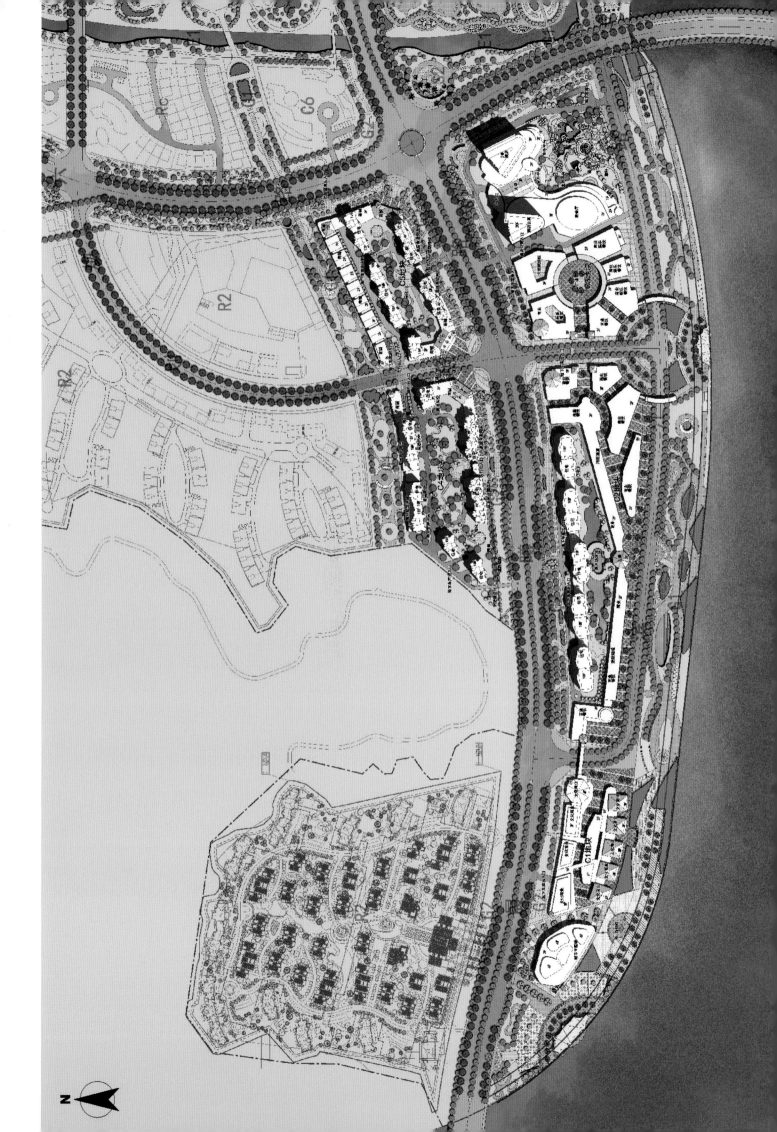

环形车道　安全顺畅

穿越本标段的晨曦路为城市陕速道路，地块东侧的经六路也是城市交通体系中重要的南北向城市陕速路，并在C3地块东与跨永安溪大桥连接。滨江路和规划一路作为进出各个地块的主要道路。

Cl地块的地下车库出入口布置在地块北侧直接通向晨曦路，地块内满铺地下车库。在合适位置有楼梯通向地面作为疏散通道。地面商铺间通道在需要时可作为消防道路。在地块靠近滨江路侧设计社会停车场。

C2地块住宅小区的主出入口设施在地块南侧的滨江路上，在北侧晨曦路设置次要出入口。小区内部道路连接两个出入口并在内部形成环路，兼具消防道路的作用。在北侧出入口就近位置设置小区地下车库出入口。滨江商业建筑围合成内街，在需要是可作为消防道路。在地块东侧布置商业建筑地下车库出入口。

C3地块西侧商业建筑地块中间设置内部道路，南北贯通区分酒店与商业功能。在酒店东侧设置环道满足消防要求。在地块内设置三个地下车库出入口。地块内满铺地下车库。

C4、C5地块的小区各出入口都设置在次要道路规划一路上。在南侧晨曦路设置人行出入口，方便连接道路上的公共交通系统。

各个地块内道路都环形布置，尽量布置在建筑的外侧满足消防需要。每个地块中央绿化带下部设有地下停车库，车库的出入口靠近小区出入口，同时在地面上适当布置停车位。小区主要道路顺而不畅并做到步移景异的效果。

相互渗透　内外呼应

地块周边山水共生，面向永安溪是不可复制的地脉资源。建筑布置与水岸机理相互渗透。

Cl地块与滨水绿地相连，重点处理城市广场空间，让文化商业建筑与滨水绿化带相互交融，形成一个整体。C2地块住宅区内则以草坪、水池、观景亭构筑一组庭院景色。商业建筑以广场空间为主，在地块东侧围合成庭院广场空间，设计等特色景观环境。C3地块商业建筑群以中央广场为中心，成为小区夏季休闲、娱乐的最佳场所。东侧酒店南侧绿化与城市绿地贯通，通过水及坡地植物的重叠融合，形成别具一格的风情。C4、C5地块以中央绿地草坪为主体，结合弧线水池、圆形广场、儿童游戏等场所，形成一个具有韵律感、横贯东西的中心景观绿化带。

每个组团内布置有健身场所、儿童游戏场。组团内的景观同时与组团外的景观穿插，交融在一起，形成完整的居住户外空间。在出入口作重点处理，与整个建筑形态相吻合。

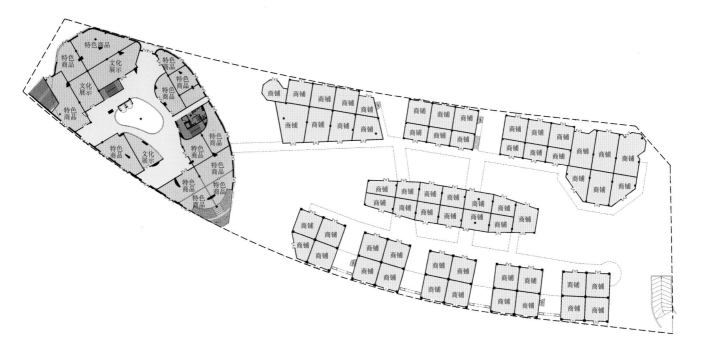

文化广场一层平面图

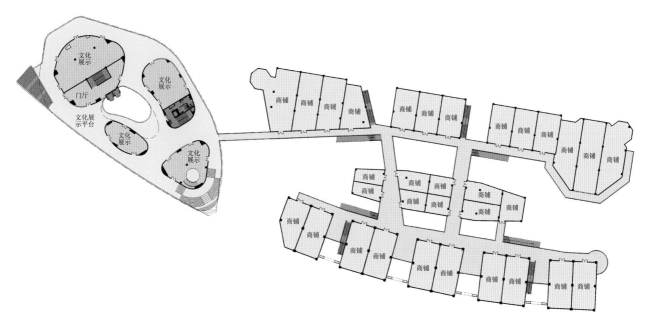

文化广场二层平面图

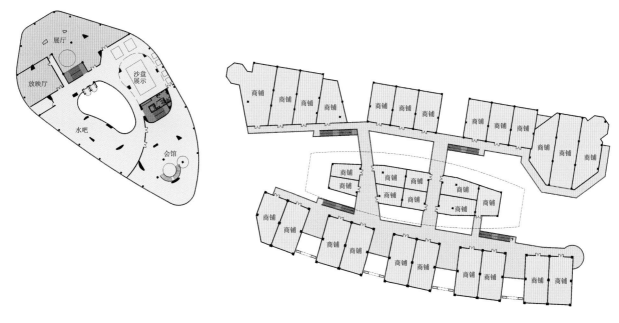

文化广场三层平面图

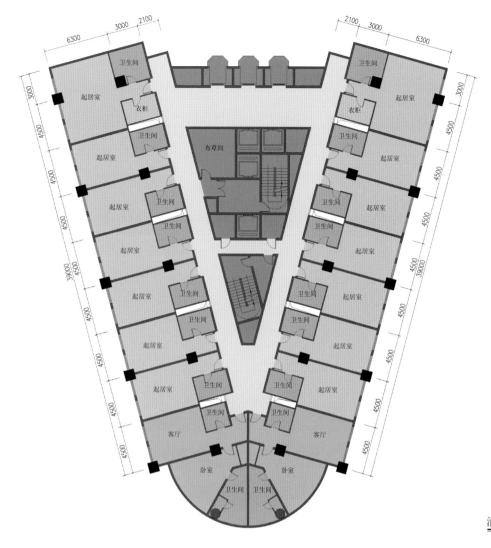

卫生间　起居室　衣柜　卫生间　布草间　起居室　卫生间　起居室　卫生间　起居室　客厅　卧室　卫生间　卫生间

衣柜　卫生间　卫生间　卫生间　卫生间　卫生间　客厅

酒店标准层平面图

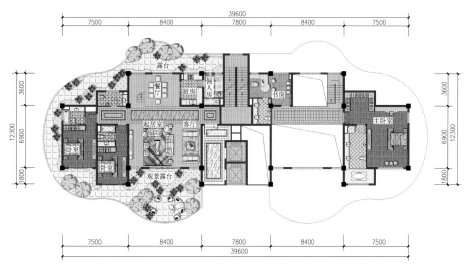

江景住宅A偶数层平面图

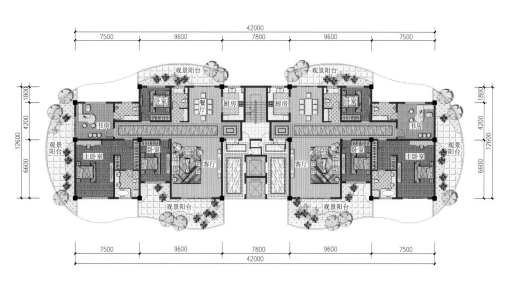

江景住宅B偶数层平面图

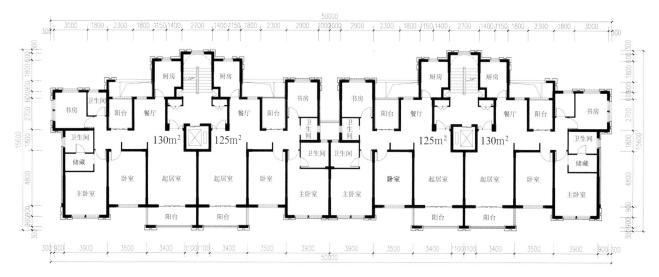

1、2号楼标准层平面图

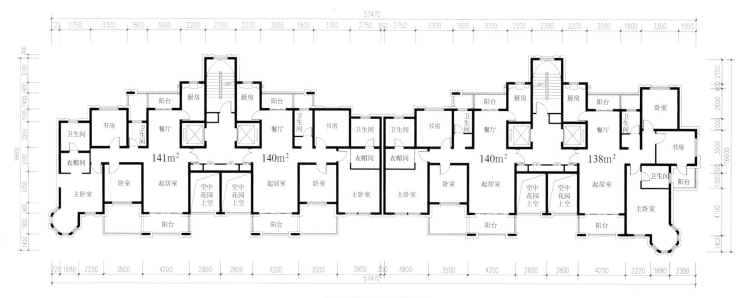

5、6号楼标准层平面图

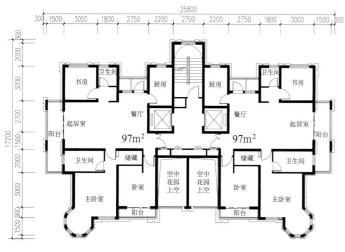

3号楼标准层平面图

7、8号楼标准层平面图

浙江 义乌都市·中央公馆

楼盘档案

开 发 商　义乌都市房地产开发有限公司

设计单位　美国力夫环球建筑设计集团

　　　　　上海力夫建筑设计有限公司

设 计 师　康续瀚、詹翔、王翔、邓菊娟

经济技术指标

用地面积　3.1hm²

建筑面积　10.8万m²

容 积 率　3.5

总 户 数　1064

停 车 位　1212

项目概况

项目位于义乌市北门街区，是义乌城区历史最为悠久的传统商业老街。西邻北门街，南邻工人西路和银泰百货购物中心，北侧为新天地购物中心。地块西侧规划集商业、酒店、娱乐、休闲等一体的大型城市综合体。

两轴两院　外动内静

商业部分沿城市道路设置。住宅布置了7幢板、点结合的高层建筑，自然围合成了南、北两大各具特色的组团院落，创造了舒适宜人的中央庭院景观，商业和住宅各成体系，互不干扰。

项目地下2～3层为停车库，地下1层为底层商业的配套储藏，部分为车库以及小区配套会所；底层为精品商业街，二层为小型集中商业，物业管理用房和结构、设备转换层；三层及以上为精装修公寓。各功能分区明确，流线清晰。

内外衔接　通达全城

地块东、西、北三侧均邻城市道路，具有较好的通达性，同时地处繁华的城市中心，外部交通和内部交通集聚度高，交通组织在解决内部动线的同时需处理好与周边城市道路的良好衔接。

项目共设三层地下室来解决内部停车。沿北门街和地块南侧设有停车位。地下车库分设有三个方向的机动车出入口，其中两个为双车道，一个为单车道。地下室人员疏散除按消防要求设有消防通道外，另分别在西侧、东北角以及东南侧设有三个大型的下沉式疏散空间，极大改善了人员平时进出地库的通行条件。

住宅小区的人行主入口设在东侧，次入口设在北门街，采用人车分流交通体系。商业部分沿街设置连续的步行交通体系，与住宅人流和车流相对独立。

北

一号路

±0.00 0.20

0.64

±00.0

2.17

1#楼 21F 2#楼 7F 21F

3#楼

2F

物业

1F

1F

商业

门楼

小区主入口

1F

物业 2F

幼儿园

-0.43

-3.50

5#楼 21F

21F

6#楼

用地红线

车道上空

-0.278

5F

1F

1F

保留建筑

消防车道上空

消防车道上空

-1.66

-1.83

-3.60

13F

7#楼 21F

消防车道上空 消防车道上空 消防车道上空

-3.74

21F

8#楼 21F

银泰百货

汽车坡道下

汽车坡道下

1F

-2.58

保留建筑

保留建筑

工人西路

华丽外观　轩昂挺拔

　　建筑外立面采用Art Deco建筑风格，运用多层次的几何线性及图案，重点装饰于建筑内外门窗线脚、檐口及建筑腰线、顶角线等部位。立面装饰现代风格简洁流畅。立面整体凹凸形成强烈的竖向线条。

　　建筑外部设计运用建筑的形体组合来塑造建筑形象及个性，与周围建筑形式相对比。建筑立面处理强调文化与个性，运用光与影来塑造建筑形象，充分利用材料的质感与肌理及虚实体量的变化来造型。

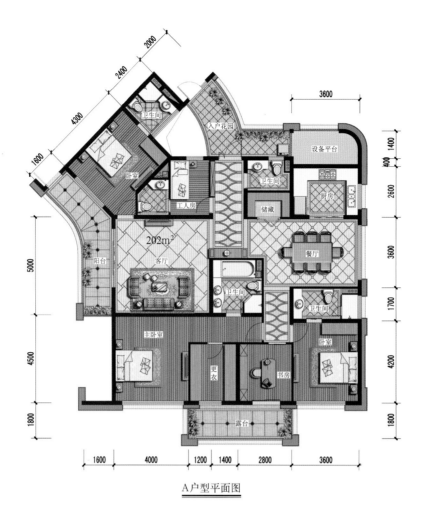

A户型平面图

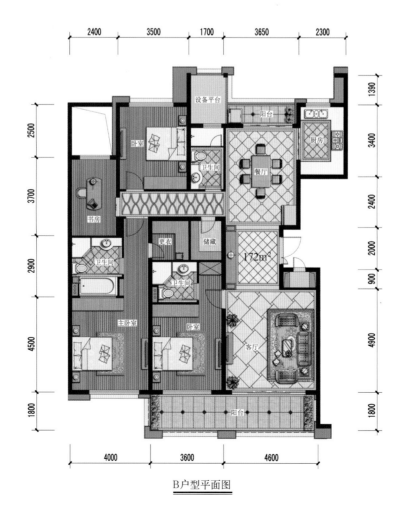

B户型平面图

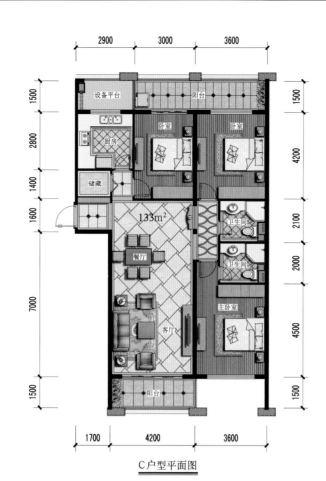

2900 3000 3600

1500

2800

1400

1600

设备平台 阳台

厨房 卧室 卧室

储藏

133m² 卫生间

餐厅 卫生间

7000 客厅 主卧室

1500 阳台

1700 4200 3600

1500

4200

2100

2000

4500

1500

C户型平面图

浙江　永康丽州一品

楼盘档案

开 发 商　永康市绿春房地产开发有限公司
设计单位　中外建工程设计与顾问有限公司
设 计 师　徐旺、吴江

经济技术指标

E-01地块

用地面积	11.1hm²	容积率	3.43
建筑面积	17.6万m²	绿地率	32%
容积率	1.58	总户数	255
绿地率	30.9%	停车位	5
排屋户数	160		
公寓户数	1476	**E-03地块**	
停车位	182	用地面积	0.9hm²
		建筑面积	3.2万m²
E-02地块		容积率	3.49
用地面积	0.5hm²	绿地率	31.3%
建筑面积	1.7万m²	总户数	408
		停车位	10

项目概况

项目位于永康市区南部，北为溪心路，西临三号路，南临八号路，东临金胜河。地势略有起伏，呈南高北低的缓坡状态。

自然分割　庭院围合

整个小区在景观的自然分隔之下，通过庭院的有机围合，形成三大组团空间：排屋区、小高层区和高层区。各空间通过水系景观带被有机的分割开。在小区的绿化景观布置上，采用两级绿化景观体系，即组团庭院景观和小区公共共享景观。每个组团既有自己的绿化庭院空间，也可以和其他组团共享小区的公共空间。极大地提高了小区的环境品位。

人车分流　移步易景

整个小区设有三个主入口，其中南边八号路和西边的三号路为小区主要机动车出入口。在交通组织上，采用完全的人车分流系统，机动车进入小区后，在小区主入口附近的地下车库入口直接进入地下室。小区步行系统和内部中心景观相结合形成步行环道，做到步随景移的效果。

组团景观　亲近自然

小区以组团式概念为规划原则，在小区的中心区结合水系和会馆，规划布置了一个规模约为8000m²的生态庭院中心，成为改善小区环境的生态绿肺。小区的三大主入口分别以小区中心广场为对景点，形成视线上的纵深感。使小区中心的景观能很好的向外延续。设计充分考虑到各户型的均好性，通过两轴一带把整个小区联系在一起。并且以生态、滨水空间为主题，用生态自然手法结合现代造园技术，创建以人为本，亲近自然的环境，同时强调场所感和识别性。

图书在版编目（ＣＩＰ）数据

人居动态. IX，2012全国人居经典建筑规划设计方案竞赛作品精选／郭志明，陈新，孙明军主编.

-- 北京：中国林业出版社, 2012.10

ISBN 978-7-5038-6786-6

Ⅰ. ①人… Ⅱ. ①郭… ②陈… ③孙… Ⅲ. ①住宅－建筑设计－作品集－中国－2012 Ⅳ. ①TU241

中国版本图书馆CIP数据核字(2012)第237550号

中国林业出版社·建筑与家居图书出版中心

责任编辑：纪 亮 李 顺

出版咨询：（010）83223051

策　划：北京东方华脉建筑设计咨询有限责任公司

版式设计：张 曦

出　版：中国林业出版社（100009 北京西城区德内大街刘海胡同7号）

网　站：http://lycb.forestry.gov.cn/

印　刷：北京利丰雅高长城印刷有限公司

发　行：新华书店北京发行所

电　话：（010）83224477

版　次：2012 年10月第1 版

印　次：2012 年10月第1 次

开　本：230mm×300mm 1/16

印　张：19

字　数：100 千字

定　价：298.00 元